utb 6286

W0053950

Eine Arbeitsgemeinschaft der Verlage

Brill | Schöningh – Fink · Paderborn
Brill | Vandenhoeck & Ruprecht · Göttingen – Böhlau Verlag · Wien · Köln
Verlag Barbara Budrich · Opladen · Toronto
facultas · Wien
Haupt Verlag · Bern
Verlag Julius Klinkhardt · Bad Heilbrunn
Mohr Siebeck · Tübingen
Narr Francke Attempto Verlag – expert verlag · Tübingen
Psychiatrie Verlag · Köln
Ernst Reinhardt Verlag · München
transcript Verlag · Bielefeld
Verlag Eugen Ulmer · Stuttgart
UVK Verlag · München
Waxmann · Münster · New York
wbv Publikation · Bielefeld
Wochenschau Verlag · Frankfurt am Main

Norbert Franck

Mein nächster Auftritt:
Wie Präsentationen, Referate und Vorträge gelingen

Kompakte Antworten auf die
20 wichtigsten Fragen

BRILL | Schöningh

Der Autor:

Dr. Norbert Franck studierte Erziehungswissenschaft, Psychologie, Soziologie und Germanistik in Berlin. Er unterrichtet in Deutschland, Österreich und der Schweiz in der Fort- und Weiterbildung. Seit über zwei Jahrzehnten leitet er Workshops für Postgraduierte. Er ist Lehrbeauftragter an der Universität Osnabrück und Autor zahlreicher Sachbücher über wissenschaftliches Arbeiten, Kommunikation und Schreiben. Im Verlag Brill Schöningh liegt von ihm vor:

- Das Trainingsbuch *Berufsfeld Presse- und Öffentlichkeitsarbeit*
- Das Übungsbuch *Wissenschaftsdeutsch*
- *Schlüsselqualifikationen für den Beruf*
- *Wissenschaft gekonnt präsentieren*
- Das *Handbuch Kommunikation*
- In der 2. Auflage das *Handbuch wissenschaftliches Schreiben*
- In der 2. Auflage das *Promotionshandbuch*
- In der 3. Auflage das *Handbuch Wissenschaftliches Arbeiten*
- In der 17. Auflage *Die Technik wissenschaftlichen Arbeitens* (zusammen mit J. Stary).

Umschlagabbildung: Shutterstock, #1850420236 ©BG Stock 72

Bücher, Online-Angebote oder elektronische Ausgaben sind erhältlich unter www.utb.de

Bibliografische Information der Deutschen Nationalbibliothek
Die Deutsche Nationalbibliothek verzeichnet diese Publikation in der Deutschen Nationalbibliografie; detaillierte bibliografische Daten sind im Internet über https://www.dnb.de abrufbar

© 2024 Brill Schöningh, Wollmarktstraße 115, D-33098 Paderborn, ein Imprint der Brill-Gruppe (Koninklijke Brill BV, Leiden, Niederlande; Brill USA Inc., Boston MA, USA; Brill Asia Pte Ltd, Singapore; Brill Deutschland GmbH, Paderborn, Deutschland; Brill Österreich GmbH, Wien, Österreich) Koninklijke Brill BV umfasst die Imprints Brill, Brill Nijhoff, Brill Schöningh, Brill Fink, Brill mentis, Brill Wageningen Academic, Vandenhoeck & Ruprecht, Böhlau und V&R unipress

www.brill.com

Printed in Germany.
Einbandgestaltung: siegel konzeption | gestaltung
Herstellung: Brill Deutschland GmbH, Paderborn

UTB-Band-Nr: 6286
ISBN: 978-3-8252-6286-0
eISBN: 978-3-8385-6286-5

Fragen

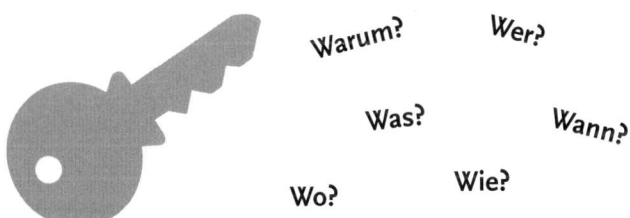

Fragen ist das A und O der Wissenschaft. Ohne Fragen keine Wissenschaft.

Fragen sind ein Patentmittel – zum Beispiel für die Vorbereitung eines Referats oder für die aufmerksamkeitsstarke Eröffnung eines Vortrags.

Die wichtigsten Fragen für Ihren nächsten Auftritt finden Sie auf der nächsten Seite. Die Antworten auf den darauf folgenden Seiten und online.

Inhalt

 Online

Mehr Beispiele – Der aufmerksamkeitsstarke **Anfang**
Feedback Referat – **Beobachtungsbogen**
Visualisieren – **Bilder** finden und verwenden
Der Anfang – **Fehleinstiege** vermeiden
Medien einsetzen – **Flipchart**
Nicht verunsichern lassen – Knifflige **Fragen** souverän
    beantworten
Online – Multimediales **Handout**
Zum Vertiefen – **Lesestoff**
Mängelrüge und Niveau-Falle – Gelassen auf
    manipulative Kritik reagieren
7 klassische Klippen umschiffen – **Mündliche Prüfung**
„Kamera läuft" – Was ist beim **Online-Vortrag**
    zu beachten?
Zum Schmunzeln – **Politlyrik**
Wissenschaftsplakat – Vorzeigbares **Poster**
Kriteriengeleitet wiedergeben und bewerten – **Referieren**
Kür – **Rhetorische Stilfiguren**
Nicht überrumpeln lassen – Souverän auf
    Scheinargumente reagieren
Üben – **Schreiben fürs Reden**
Verstärker – **Strukturierende Begriffe**
Zitiert – Ein Dutzend kluger **Worte** über das Reden
Ausgewählte Abbildungen – **Zahlen visualisieren**

Das Online-Bonusmaterial finden Sie unter https://www.utb.de/
doi/suppl/10.36198/9783838562865

Einleitung

Vorsicht ist dort geboten, wo *Meister vom Himmel fallen*: Es besteht Verletzungsgefahr.

Umsicht schützt alle, die *Meisterschaft* von ihren Auftritten verlangen – von ihren Referaten, Vorträgen, Reden, Präsentationen: Es besteht die Gefahr der Überforderung.

Überforderung ist nach meiner Erfahrung eine zentrale Ursache für das Unbehagen, das viele Studierende, Promovierende und auch Lehrende plagt, sollen sie vor anderen reden. Überforderung hat zahlreiche Facetten. Drei hebe ich hervor:

- mangelnde Übung
- fehlende Vorbilder
- zu hohe Anforderungen

Mangelnde Übung

Sie können sich an der Hochschule viel Wissen aneignen – von Anglistik bis Zivilrecht, von Anthropologie bis Zellbiologie.

Selten jedoch wird vermittelt, *wie* erworbenes Wissen zielgerichtet präsentiert werden kann. Die Vermittlung von Kommunikationskompetenzen ist kein selbstverständlicher Bestandteil der wissenschaftlichen Ausbildung. Im vierten Semester weiß man zwar mehr als im ersten. Aber noch im letzten Semester sind viele Studierende unsicher, wie sie Analysen und Daten, Befunde und Fakten oder Paragrafen und Prognosen verständlich, anschaulich und interessant präsentieren können.

Deutsche Hochschulen sind paradoxe Orte. Es wird vorausgesetzt, was gelehrt und geübt werden müsste: die Fähigkeiten und Fertigkeiten, ein Referat vorzubereiten, einen Vortrag zu halten, Diskussionen zu bestreiten und zu leiten.

Studieren ist vor allem Hören und Lesen (von Pauken ganz zu schweigen). Über Kommunikation wird wenig kommuniziert. In der Lehre ist das *Wie* der Kommunikation von Wissenschaft kein Thema. Unverständlich gerade in den Fächern, in denen Kommunikation – begründen und vergleichen, interpretieren und schlussfolgern – im Mittelpunkt steht.

Fehlen Erfahrung, Übung und Routine, sind Aufregung und Anspannung, Unsicherheit und Nervosität vor Referaten und Vorträgen oder Diskussionen in großer Runde keine Seltenheit. Aber kein Schicksal, das man hinnehmen muss, sondern Reaktionen, die sich beeinflussen lassen.

Fehlende Vorbilder

Deutsche Hochschulen sind Orte, an denen sich zahlreiche Mythen halten. Zum Beispiel:

- Wissenschaft und Verständlichkeit passen nicht zusammen.
- Nur Anfänger*innen proben.
- Die Masse macht's: Soviel Input wie möglich in einen Vortrag packen, damit deutlich wird, dass man viel weiß.
- Alles muss auf Folien: „Guten Tag", der Titel des Referats, die Folien-Nummer und der Name.

Deshalb wird Tag für Tag in vielen Lehrveranstaltungen lautlos geseufzt, *hoffentlich ist es bald vorbei:* Ein Professor hält einen Vortrag über Migrationspolitik – es ist eine Vor-Lesung. Angereichert um unzählige „äh" und viele ermüdende Zahlen. Dreißig Minuten frei von *strukturierten* Argumenten und *erhellenden* Beispielen.

Auch Tagungen und Kongresse sind Orte wechselseitiger Zumutungen: Die Detailverliebte präsentiert Fallbeispiel um Fallbeispiel. Der Nachwuchswissenschaftler traktiert sein Publikum mit historischen Exkursen, deren Relevanz nicht erkennbar wird. Die Doktorandin wiederholt alle fünf Minuten, dass sie hierauf oder darauf nicht näher eingehen kann. Sie akzentuiert also vor allem das, was sie vorenthält. Der Beifall am Ende ihres Vortrags ist Ausdruck der Erleichterung.[1]

In vielen Hörsälen, Tagungs- und Seminarräumen wird Tucholskys *Ratschläge für einen schlechten Redner* gefolgt: „Wenn einer spricht, müssen die anderen zuhören – das ist deine Gelegenheit! Mißbrauche sie." (1993 Bd. 8, 292).

---

1   Siehe auch die Beispiele bei Geimer/Groebner (2006) und Hornuff (2016) sowie die „Typologie der Redner" von Schenz (2016).

Deshalb ist die Chance gering, in Hörsälen gute Vorträge zu hören, die als Anregungen und Ansporn für eigene Referate oder Vorträge dienen könnten.

Zu hohe Anforderungen

Nicht zuletzt verhindern eigene Vorschriften – vor allem Perfektionismus – einen gelassenen Umgang mit Referaten und Vorträgen. Studierende gestatten sich nicht, dass ihnen ein Satz verunglückt, sondern quälen sich mit der Anforderung, ihr Referat ohne Versprecher bestreiten zu müssen. Doktorand*innen erlauben sich nicht, rot zu werden oder sich auf ein Manuskript zu stützen.

Das sind hausgemachte Vorschriften. Was wird tatsächlich von einem Referat, einem Vortrag verlangt? Nichts Unmögliches. Es kommt darauf an, aus einem Thema etwas zu machen: eine Frage- oder Problemstellung *aufzubereiten* statt zuzumuten. Wie das gelingen kann, steht auf den folgenden Seiten im Mittelpunkt.

Was Sie erwarten können: Antworten und Anregungen

Auf den folgenden Seiten finden Sie Antworten auf Fragen, die nicht nur Studentinnen und Studenten umtreiben: Wie können Sie nach vier oder (viel) mehr Wochen intensiver Beschäftigung mit einem Thema diese Anstrengungen zu einem „krönenden" Abschluss bringen?

Was ist notwendig, um zu zeigen: Ich kann einen Sachverhalt verständlich und anschaulich präsentieren? Eine Fähigkeit, die in den meisten Berufen von Ihnen erwartet wird. Was ist notwendig, um nicht zu langweilen – um den Zuhörer*innen *und* sich mit einem gelungenen Auftritt eine Freude zu machen?

Mein Ausgangspunkt: Referate, Vorträge, Präsentationen, ich verwende die Termini synonym, sind ebenso wie Diskussionen *soziale* Situationen. In diesen Situationen geht es nie nur um die *Sache*, sondern immer auch um die *Beteiligten* und ihre Beziehung zueinander. Meine Anregungen befähigen zu einem situationsangemessenen Handeln.

Meine Antworten konzentrieren sich auf die wichtigsten Fragen. Sie behandeln das Themenfeld nicht erschöpfend. Das hat den Vorzug, dass die Lektüre der folgenden Seiten Sie nicht erschöpft.

Ich folge nicht dem Motto, *was man weiß, was man wissen sollte*[2], sondern gehe auf die Aspekte ein, die für einen gelungenen Auftritt entscheidend sind.

Ich habe *meine* Antworten geschrieben, um zu unterstreichen, dass es kein wissenschaftlich gesichertes Wissen über den *guten* Vortrag gibt, keinen Königsweg zur *gelungenen* Präsentation und keinen Ariadnefaden durch das Labyrinth kommunikativer Prozesse. Ich mache Ihnen plausible *Angebote*.[3]

In meinen Seminaren an Hochschulen in Deutschland, Österreich und in der Schweiz machen Studierende und Promovierende mit diesen Angeboten gute Erfahrungen. In meinen Workshops können diese Angebote praktisch erprobt und überprüft werden. Das sollten Sie auch tun – und Folgendes beachten: Universitäten im deutschsprachigen Raum sind Institutionen, die auf gesellschaftliche Entwicklungen mit Verzögerung reagieren. Deshalb hören Sie dort Vorträge, deren Rhetorik noch nicht im 21. Jahrhundert angekommen ist: vorgetragen in unanschaulicher Schriftsprache, frei von anregenden Zusätzen oder gar einem Anflug von Humor oder einer Prise Ironie. Dafür mit Fußnoten im Manuskript. Und mancherorts ist noch immer „Ich" im Vortrag verpönt. Es mag daher sein, dass sich meine Empfehlungen nicht mit den Vorstellungen decken, die manche Professor*innen von einer gelungenen Präsentation haben.

 Das Plus-Zeichen verweist auf Anregungen, Ergänzungen und Vertiefungen, die Sie unter https://www.utb.de/doi/suppl/10.36198/9783838562865 finden.

---

2 Dieses Motto führt häufig zu Referaten und Vorträgen, die die Geduld der Zuhörer*innen strapazieren, weil sie dem Selbstdarstellungsdrang des oder der Redner*in nicht entkommen, langweilige Passagen nicht überblättern können, sondern erdulden müssen.

3 Ich folge Virginia Woolf: Der einzige Rat, den man guten Gewissens geben kann, ist der, „den eigenen Verstand zu benutzen, zu eigenen Schlussfolgerungen zu kommen" (2020, 23).

1 Worauf kommt es bei der Vorbereitung von Referaten, Vorträgen und Präsentationen an?

Was will ich erreichen? Und wen will ich erreichen?

Referat, Vortrag und Präsentation sind kommunikative Situationen. Damit die Kommunikation gelingt, ist es erforderlich, sich Klarheit über das Ziel des Referats zu verschaffen: Was soll erreicht werden? Und es braucht, um nicht über die Köpfe der Zuhörer*innen hinweg zu reden, Klarheit darüber, wer erreicht werden soll.

Ein Referat ist keine vorgelesene Hausarbeit. Ein Vortrag ist kein vorgelesener Aufsatz. Eine Präsentation ist keine Werbeveranstaltung.

Selbst die perfekte Hausarbeit oder der brillante Aufsatz ergeben noch kein gutes Referat oder einen gelungenen Vortrag. Der Grund: Bei Referaten geht es immer auch darum, Aufmerksamkeit zu wecken, Interesse aufrechtzuerhalten und die Zuhörenden durch den Vortrag zu führen. Aufmerksamkeit und Interesse stellen sich nicht von selbst ein. Ein Thema ist nicht an sich interessant. Es muss vielmehr interessant gemacht, für die Zuhörer*innen aufbereitet werden. Das ist das Handwerkszeug, um das es in diesem Buch geht. Um dieses Handwerkszeug gekonnt einsetzen zu können, ist es unerlässlich, sich Klarheit über das Ziel eines Referats zu verschaffen und zu klären, wen dieses Referat erreichen soll.

Ausgangs- und Bezugspunkt: Ziel und Zuhörer*innen

Sie wollen oder sollen einen Vortrag halten über *moderne Unternehmensführung* oder ein Referat *über nachhaltige Landwirtschaft*. Diese Aufgabe kann Lust oder Last sein. Sie ergibt jedoch noch keinen Vortrags*inhalt*. Die inhaltliche Schwerpunktsetzung folgt nicht ausschließlich der „Logik des Gegenstands", sondern ist auch abhängig vom *Ziel*, das Sie verfolgen, und vom *Publikum*, das Sie erreichen wollen.

Gehen Sie vom Ziel aus, damit Sie ans Ziel kommen

„Würdest du mir bitte sagen, wie ich von hier aus am besten wei-
tergehen soll?", fragt *Alice im Wunderland* die Katze. „Das hängt
sehr davon ab", lautet die Antwort, „wo du hinwillst." (Carroll 1996,
74).

Ein Vortrag braucht ein Ziel: Was soll gezeigt, erläutert, veranschaulicht werden? Was ist wichtig und was verzichtbar? Was will
ich deutlich machen. Welcher Frage will ich nachgehen?

Ein Vortrags*thema* ist etwas anderes als ein Vortrags*ziel*. Ohne
Ziel ist nicht sinnvoll zu entscheiden, welche Schwerpunkte ge-
setzt, wie die Inhalte präsentiert und welche Medien eingesetzt
werden sollen. „Wenn man nicht weiß, welchen Hafen man ansteu-
ert, ist kein Wind günstig" (Lucius Annaeus Seneca).

Viele Rednerinnen und Redner wollen *einen guten Eindruck hinterlassen*; sie erreichen dieses Ziel aber nicht, weil sie aus diesem
Ziel keine Konsequenzen ziehen.

Wer einen guten Eindruck hinterlassen will, darf nicht langweilen
und nicht überfordern oder unterfordern. Machen Sie sich deshalb
bewusst, wer Ihnen zuhören wird. Erst dann können Sie die Schwerpunkte und das Niveau Ihres Vortrags zielgerecht festlegen.

Einen guten Eindruck hinterlassen, ist ein sehr allgemeines Ziel.
Worum kann es noch gehen? Soll etwas *Neues bekannt gemacht,*
soll *unterhalten* oder *beraten* werden? Geht es darum, einen Überblick zu geben oder darum, *Klarheit* in eine Auseinandersetzung zu
bringen? Soll von einem Konzept, einem Lösungsweg überzeugt
werden?

Sie werden noch andere Ziele nennen können. In der Regel geht
es nie nur um ein Ziel. Worum auch immer es *Ihnen* bei Ihrem
nächsten Referat geht, wichtig ist vom Ziel auszugehen, um zum
Ziel zu kommen.

Immer an die Zuhörerinnen und Zuhörer denken

Es gibt Redner*innen, die *sich* stundenlang zuhören können. Wenn
Sie sich auf Ihre Zuhörerinnen einstellen, hören diese *Ihnen* gerne
(einige Zeit) zu.

Deshalb schließt sich an die Klärung, welche(s) Ziel(e) *Sie* mit
einem Vortrag verfolgen, die Frage nach den Interessen und Erwar-

tungen der Zuhörer an: Was erwarten sie von dem Vortrag? Welche Vorkenntnisse und Einstellungen haben sie zum Thema des Referats?

Antworten auf diese Fragen ermöglichen unter anderem folgende Entscheidungen:

- Wie ausführlich muss der theoretische Bezugsrahmen oder der methodische Ansatz erläutert werden?
- Was kann vorausgesetzt und daher weggelassen, was muss nur erwähnt oder gestreift werden?
- An welche Kenntnisse, Erfahrungen und Interessen kann mit Beispielen angeknüpft werden?

Je mehr Sie Expertin oder Experte auf einem Gebiet sind, umso stärker sollten Sie darauf achten, den Wissensstand und die Informationsbedürfnisse von Nicht-Expert*innen richtig einzuschätzen. Prüfen Sie, welche Vorkenntnisse Sie voraussetzen können und welche nicht. Sonst besteht die Gefahr, die Zuhörer*innen mit längst Bekanntem zu langweilen oder mit zu viel Neuem zu überfordern.

Prüfen Sie zum Beispiel, ob

- *qualitative Methoden* der Sozialforschung zum allgemeinen Know-how gehören,
- *feministische Ansätze* in der Erziehungs-, Literatur-, Wirtschafts- oder Naturwissenschaft hinlänglich bekannt sind,
- *Diskurs, Dekonstruktivismus* oder *Nachhaltigkeit* für ihre Zuhörer*innen geläufige Fachbegriffe sind.

Die Antworten auf diese Fragen sind vor allem für die Entscheidung wichtig, welche Referenzen den Zuhörenden erwiesen werden sollen durch

- die Schwerpunktsetzung,
- die Auswahl von Beispielen,
- den Verzicht auf methodische Überlegungen, die ausführliche Präsentation von Daten und Fakten.

Sind Prüfer*innen Ihr Publikum, sollten Sie eruieren,

- an welchen Inhalten, Methoden, Ergebnissen, Konsequenzen sie besonders interessiert sind,

- welchen theoretischen oder methodischen Ansatz sie bevorzugen,
- was sie über die Bedeutung und Relevanz des Themas denken.

Antworten auf diese Fragen ermöglichen Entscheidungen, wie Sie
- die Ablehnung Ihres theoretischen oder methodischen Zugangs aufgreifen können – zum Beispiel durch die Betonung gemeinsamer Standards und Ansprüche,
- Desinteresse gegenüber Ihrem Gegenstand begegnen können – zum Beispiel durch Fakten oder den Nachweis der Erklärungs- bzw. Problemlösungskapazität Ihres theoretischen oder methodischen Zugangs,
- Zustimmung zu Ihrem Ansatz nutzen können – zum Beispiel durch den Hinweis auf ungelöste Probleme, neue Ziele.

Und wenn das Publikum heterogen ist? Dann gilt es zu entscheiden, auf wen es Ihnen ankommt. Und was Ihnen für Ihr Selbstwertgefühl wichtig ist.

Es ist zum Beispiel schön, wenn fünfzig Studierende von Ihrem Vortrag begeistert sind. Weniger schön ist es, wenn diejenigen, auf die es aus irgendeinem Grunde ankommt, den Vortrag *etwas populistisch* finden oder *ein wenig mehr Tiefgang* erwartet hätten.

Für verzwickte Situationen wie diese gibt es eine bewährte Regel: Man kann es nicht allen recht machen. Wer nach allen Seiten lächelt, bekommt Falten – aber kein Profil.

Kurz und gut

Fragen Sie, *wozu* halte ich vor *wem* dieses Referat, *wozu* dient diese Präsentation und *wen* soll sie erreichen? Ihre Antworten liefern Ihnen eine zuverlässige Orientierung, worauf es ankommt.

2 Wie eröffne ich gewinnend?

Beim Schach entscheidet die Eröffnung oft den gesamten Spiel-
verlauf. Bei Vorträgen hängt viel vom Anfang ab.

Darauf kommt es beim Anfang an: Setzen Sie Interesse an
Ihrem Vortragsthema nicht voraus. Sie müssen zu Beginn
Interesse wecken. Machen Sie zudem deutlich, dass und
warum es sich lohnt, Ihnen zuzuhören. Und erläutern Sie,
wie Ihr Referat aufgebaut ist.

Ist Ihr Referat Teil eines Seminars oder einer Vortragsreihe,
sollten Sie Ihren Beitrag in diesen Zusammenhang einordnen.

Wenn Sie außerhalb der vertrauten Seminarräume referieren: Stellen Sie sich angemessen vor und begrüßen Sie die
Zuhörer*innen gewinnend.

Der erste Eindruck ist zwar nicht der entscheidende. Aber in den
ersten zwei oder drei Minuten entscheidet sich, welche Erwartungshaltung bei den Zuhörerinnen entsteht. Die Einleitung soll zum
Hauptteil hinführen (ohne ihn vorwegzunehmen) und die Zuhörer
einstimmen – aufs Zuhören. Der folgende Dialog macht deutlich,
worum es geht:

Zuhörer: Warum sollte ich Ihnen zuhören?
Referentin: Weil ich in meinem Vortrag ein interessantes (wichti-
ges) Thema (Problem) behandele.
Z: Was habe ich davon, wenn ich Ihnen zuhöre?
R: Sie bekommen Antworten auf folgende Fragen: ...

Wenn Sie Ihr Publikum *nicht* positiv einstimmen wollen, sollten Sie
Tucholskys *Ratschlägen für einen schlechten Redner* folgen:

> „Fange nie mit dem Anfang an, sondern immer drei Meilen vor dem
> Anfang! Etwa so: ‚Meine Damen und meine Herren! Bevor ich zum

Thema des heutigen Abends komme, lassen Sie mich Ihnen kurz ...'
Hier hast Du schon so ziemlich alles, was einen schönen Anfang aus-
macht: eine steife Anrede; der Anfang vor dem Anfang; die Ankündi-
gung, daß und was du zu sprechen beabsichtigst, und das Wörtchen
kurz. So gewinnst Du im Nu die Herzen und die Ohren der Zuhörer."
(Tucholsky 1993 Bd. 8, 290)

Wie können Sie die „Herzen und Ohren der Zuhörer" gewinnen?
Mit einem Anfang, der *motiviert* und *orientiert*, der *Interesse* weckt,
den *Nutzen* für die Zuhörerinnen und Zuhörer hervorhebt und einen knappen und verständlichen Überblick gibt, was folgt.
    Auf die folgenden drei Schritte kommt es an:
1. Interesse wecken
2. den Nutzen hervorheben
3. einen Überblick geben

Interesse wecken: Ein Dutzend Aufmerksamkeitswecker

 Die ersten Sätze sind wichtig, denn sie eröffnen einen
Erwartungshorizont. Deshalb sollten sie nicht verpatzt
werden. Deshalb gilt es, statt sich mit dem Anfang vor
dem Anfang erst verbal warmzulaufen, sofort durchzu-
starten, um die Aufmerksamkeit der Zuhörer*innen auf
sich zu lenken. Das kann Ihnen mit einem gekonnten
Aufmerksamkeitswecker gelingen. Ein Dutzend stelle
ich im Folgenden vor. Weitere finden Sie online.

Eine einfache Feststellung, in der anklingt: Die Sache ist nicht so einfach
- Ob aus der Retorte oder aus Pflanzen: Vor dem Gesetz sind alle
  Medikamente gleich.
- Man kann die Uhr umstellen, aber nicht die Zeit

*Eine Feststellung, die zwar kurios erscheint oder zunächst irritiert, aber
auf ein relevantes Problem hinweist*
- Zehn Prozent der US-Bürger*innen sollen beim Sex schon einmal ihr Smartphone kontrolliert haben.
- „Alles sollte so einfach wie möglich gemacht werden, aber nicht
  einfacher." (Albert Einstein).

Fragen
- Lässt sich die These zuverlässig belegen, dass die schlechteste Literatur immer die sei, die mit den besten Absichten geschrieben wird?
- Warum nimmt in Deutschland die Armut zu, obwohl das Volksvermögen wächst?

Ein originelles Zitat oder Motto
- Die „Furcht zu irren (ist) schon der Irrtum selbst." (Georg Wilhelm Friedrich Hegel).
- „Talkshows sind der letzte Schritt in den Blödsinn." (Krüger 2023, 11).
- „Gibt es eigentlich irgendeine Dummheit, die Männer auslassen?" (Frevert 2023, 16).
- „Was sind das für ein Land, in denen ein Lacher die Wahl entscheidet." (Hacke 2023, 95).

Es muss nicht immer der bekannte Wissenschaftler oder die berühmte Schriftstellerin sein. Auch in der U-Kultur werden kluge Gedanken geäußert. Zum Beispiel:
- „Wenn Deutschland dem Klimawandel so entschlossen entgegenträte wie den Menschen, die vor ihm warnen, wäre vielleicht noch etwas zu retten." (Jan Böhmermann am 13.12.2022 auf Twitter).
- „Es ist nicht Deine Schuld, dass die Welt ist wie sie ist, es wär' nur deine Schuld, wenn sie so bleibt." (Die Ärzte 2004).

Zitate sind Gedanken aus zweiter Hand. Prüfen Sie deshalb, wenn Sie mit einem Zitat starten wollen, ob es verständlich, griffig und passend ist (der Satz von Hacke zum Beispiel ist nur dann verständlich, wenn es um Armin Laschets gescheiterte Kanzlerkandidatur geht). Prüfen Sie zudem, ob Sie das Zitat gut „rüberbringen" können (s. a. Seite 82).

Eine verständliche Allegorie oder Parabel

- Der Igel hat den Wettlauf mit dem Hasen gewonnen. Das Rennen mit dem Menschen wird er verlieren, wenn wir die Natur weiter mit rasanter Geschwindigkeit dem Straßenbau opfern.
- „Schwimmen zwei junge Fische des Wegs und treffen zufällig einen älteren Fisch, der in die Gegenrichtung unterwegs ist. Er nickt ihnen zu und sagt: ‚Morgen, Jungs. Wie ist das Wasser?‘ Die zwei jungen Fische schwimmen eine Weile weiter, und schließlich wirft der eine dem anderen einen Blick zu und sagt: ‚Was zum Teufel ist Wasser?‘"4

Ein kurzer, anschaulicher (Erfahrungs-) Bericht, der zum Thema führt

- Die Tochter meiner Nichte, sie ist fünf, stand letzten Samstag vor dem Fernseher und wollte den Nachrichtensprecher wegwischen. Sie versuchte es wiederholt, mit dem Zeigefinger, mit dem Daumen, mit der ganzen Hand. Verständnislos gab sie nach einiger Zeit auf.

Ein (scheinbarer) Widerspruch

- In den USA steigt die Zahl der Menschen mit Adipositas. Gleichzeitig ist ein rasanter Anstieg von Bulimie zu verzeichnen.
- In Deutschland werden die am schlechtesten bezahlt, die am dringendsten gebraucht werden.
- Während die Zahl der Morde in Deutschland sinkt, steigt die Zahl der Toten in den Krimis von ARD und ZDF.

Die ungewöhnliche Definition

Auf den Online-Seiten über Fehleinstiege rate ich davon ab, einen Vortrag mit einer Definition zu beginnen. Die Ausnahme: Sie starten mit einer originellen oder verblüffenden themenbezogenen Definition. Zum Beispiel:

- *Noten* sind Misstrauen in Zahlen gefasst.

---

4   Der Beginn einer Rede von David Foster Wallace vor US-amerikanischen Uni-Absolvent*innen (2017, 9).

Die Definition kann auch ein Zitat sein:

- *Bildung* ist das „Gegenprogramm zu einer Mentalität, die satt und träge um sich selbst kreist. Zum geistigen und seelischen Daumenlutschertum. Zum Narzissmus." (Roß 2020).
- „*Glücklich sein* heißt ohne Schrecken seiner selbst innewerden können." (Benjamin 1955, 59).
- „Anger is an acid that can do more harm to the vessel in which it is stored than to anything on which it is poured." (Mark Twain).

Verblüffende Illustration
Definieren wir einmal das Geld, das in Deutschland für Hundefutter und Hundepflege ausgegeben wird, als Einkommen der Hunde und fragen: Wo stünden Hunde in einem weltweiten Einkommensvergleich? Die Antwort lautet: im Mittelfeld. Hunde in Deutschland haben ein höheres Einkommen als viele Menschen in vielen Ländern.

Einsichten, die man nicht täglich hört oder liest
- Wer nicht weiß, wohin er geht, erreicht mit jedem Schritt sein Ziel (Sprichwort der Fulbe aus Westafrika).
- Es ist besser, sich auf niedrigem Niveau zu bewegen, als dort zu verharren.
- „Man kann niemanden überholen, wenn man in seine Fußstapfen tritt." (François Truffaut).

Eine ironische oder provokante These oder Frage
- „Als Gott am sechsten Schöpfungstag alles ansah, was er gemacht hatte, war zwar alles gut, aber dafür war auch die Familie noch nicht da." (Kurt Tucholsky).
- Es gibt so gut wie keine gesellschaftliche Schweinerei, an der Medizinerinnen und Mediziner nicht beteiligt (gewesen) wären.
- „Das natürliche Habitat der Mädchen ist der Drogeriemarkt." (Fromme 2023).

Die ironische oder provokante These lässt sich auch ins Bild setzen:

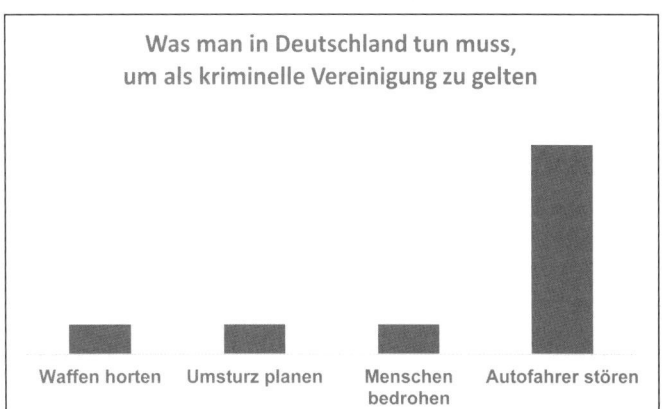

Abbildung 1: Visueller Aufmerksamkeitswecker (Nach: Süddeutsche Zeitung Magazin vom 15.6.2023, S. 10)

Diese Einstiegsvariante will wohlüberlegt sein. Ist das Publikum offen für Ironie? Erhöht ein provokativer Einstieg die Aufmerksamkeit? Oder schreckt er ab?

Ein Ereignis, das zum Thema passt
Der Buchpreisträger 2022 rasierte sich während seiner Dankesrede die Haare ab. Sein Haarschnitt, der Solidarität mit dem Kampf der Frauen im Iran zum Ausdruck bringen sollte, dauerte acht Minuten. Acht Minuten, in denen alle Aufmerksamkeit auf Kim de l'Horizon gerichtet war.

Das kann man Solidarität nennen oder eine moderne Art, sich Aufmerksamkeit zu verschaffen. Es gab Zeiten, da hätte man einen Spendenaufruf gemacht, Fotos der Leidenden oder Kämpfenden gezeigt, ihre Namen genannt. Heute zeigt man das eigene Gesicht.

Ist das Gerangel um Aufmerksamkeit, um neue Follower logische Konsequenz des allgegenwärtigen Influencer*innen-Hypes? Gibt es im Social Media Zeitalter ein Recht auf Aufmerksamkeit?

Ein Gedankenspiel

Was wäre, hätte es zuerst die digitalen Computernetzwerke gegeben und dann erst gedruckte Wissensspeicher auf Papier? In der digitalen Zeit war alles gut. Die Welt war effizient sortiert. Man konnte blitzschnell durch alle Texte scrollen und blieb trotzdem Herr seiner selbst, denn die absorbierten einen nicht. Dann aber kamen die jungen Revoluzzer, die Texte auf Papier druckten. Immer mehr solcher „Bücher" wurden produziert. Die Jugendlichen entfremdeten sich von ihren Eltern und entwickelten ihre eigene Sprache. Experten warnten: Die neuen Informationsspeicher seien gefährlich. Sie könnten einem auf den Fuß fallen, manche enthielten sogar gefährliche Schimmelsporen. Zudem isolierten sich die Bücherleser aus der Gemeinschaft (Nach Groebner 2014, 39f.).

Wie können Sie sicher sein, einen guten Aufmerksamkeitswecker gefunden zu haben? Prüfen Sie: Baut der Aufmerksamkeitswecker Brücken zum Vorwissen, den Erfahrungen und Interessen des Publikums? Sie können zum Beispiel einen Vortrag über die effektive Organisation von Unternehmen mit dem Satz eröffnen, im Zeitalter der Globalisierung sei die „Restrukturierung der Unternehmensorganisation ein Gebot der Stunde". Brücken bauen Sie mit dem Hinweis, dass Hierarchien krank machen oder hohe Kosten verursachen. Gesundheit und Geld interessieren fast alle.

Es ist keine gute Wahl, mit der Tür ins Haus zu fallen. Es ist einfallslos, im ersten Satz wörtlich oder sinngemäß den Titel des Vortrags zu nennen oder auf eine Folie zu packen. Mehr darüber, wie Sie *nicht* anfangen sollten: Fehleinstiege.

Den Nutzen hervorheben

Sie sind auf eine gute Meinung von Ihrem Vortrag angewiesen, er soll gut ankommen. Sie sollten wissen, warum es sich lohnt, Ihnen zuzuhören. Bieten Sie neue Informationen, einen kompetenten Überblick, eine aufschlussreiche Interpretation, eine originelle Problemlösung?

Heben Sie den Nutzen Ihres Referats oder Ihrer Präsentation ausdrücklich hervor. Die meisten Menschen gehen, sofern sie von einer Anwesenheitspflicht befreit sind, vor allem aus einem Grund zu einem Vortrag: Sie erwarten einen Nutzen.

Betonen Sie diesen Nutzen am Anfang. Machen Sie deutlich, was Sie zu welchem Zweck in den Mittelpunkt stellen. Hat Ihr Publikum den Eindruck, dass es sich lohnt, Ihnen zuzuhören, haben Sie seine Aufmerksamkeit und Vorschusslorbeeren. Sie beugen zudem falschen Erwartungen vor, wenn Sie den Nutzen präzise herausstellen.

Einen Überblick geben

Eine Orientierung über den Aufbau Ihres Referats erleichtert es den Zuhörenden, Ihnen zu folgen. Deshalb sollten Sie sagen, dass sich Ihr Vortrag – zum Beispiel – in drei Teile gliedert: „Ich untersuche zunächst die Theorie von ABC. Dann beleuchte ich den Ansatz von XYZ. Abschließend arbeite ich Differenzen und Gemeinsamkeiten beider Konzepte heraus."

Der nächste Satz kann den Hauptteil eröffnen: „Zunächst zur Analyse des Ansatzes von ABC."

Sollte dieser Überblick auf einer Folie präsentiert werden? In den Natur- und Wirtschaftswissenschaften ist das zwar die Regel, aber meist nicht sinnvoll. Vor allem dann nicht, wenn diese Folie als Ersatz für einen begründenden Überblick (*warum* gehe ich *wie* vor?) dient.

Zusammenhänge herstellen

Ist das Referat Teil eines Seminars oder einer Vortragsreihe, sollten Sie darauf hinweisen,
* wie sich Ihr Referat in den Seminar-Zusammenhang einordnet,
* in welcher Hinsicht Ihr Vortrag einen Sachverhalt vertieft oder im Widerspruch zu dem steht, was zuvor vorgetragen wurde,
* worauf Sie nicht eingehen, weil dieser oder jener Aspekt in einem der folgenden oder vorangegangenen Referate behandelt wird bzw. wurde.

Es gibt zwei Möglichkeiten, auf Zusammenhänge hinzuweisen: Nachdem Sie Interesse für Ihr Thema geweckt oder nachdem Sie die Ziele Ihres Referats erläutert haben. Für jede Variante ein Beispiel:

Das Volkseinkommen steigt und die Armut nimmt zu *(Interesse wecken)*.
Diese Feststellung widerspricht den Aussagen über den Zusammenhang von wachsendem Volkseinkommen und individuellem Wohlstand, die in der letzten Woche vorgetragen wurden *(Zusammenhänge herstellen)*.
Ich will zeigen, dass steigendes Volkseinkommen, die Zunahme des Geldvermögens privater Haushalte und wachsende Armut keine Gegensätze sind. Im Mittelpunkt steht dabei der Nachweis, dass ... *(Nutzen hervorheben)*.
Zunächst werde ich ... (Überblick geben).

Das Volkseinkommen steigt und die Armut nimmt zu *(Interesse wecken)*.
Ich will zeigen, dass steigendes Volkseinkommen, die Zunahme des Geldvermögens privater Haushalte und wachsende Armut keine Gegensätze sind. Im Mittelpunkt steht dabei der Nachweis, dass ... *(Nutzen hervorheben)*.
Ich widerspreche damit der These über den Zusammenhang von wachsendem Volkseinkommen und individuellem Wohlstand, die wir am Vormittag gehört haben *(Zusammenhänge herstellen)*.
Ich werde zunächst ... (Überblick geben).

Begrüßen, vorstellen, danken

Referieren Sie auf einer Tagung, einem Kongress oder in einem Unternehmen, gehört es zur Eröffnung, die Zuhörer*innen zu begrüßen und sich vorzustellen.
Wenn Sie kommunikativ punkten, das Wohlwollen der Zuhörerinnen gewinnen und den Zuhörern in guter Erinnerung bleiben wollen, dann sollten Sie diesen Teil der Einleitung wichtig nehmen – und folgende Anregungen beachten:

- Die Begrüßung muss nicht am Anfang stehen.
- Sprechen Sie konkret: *Guten Tag* (oder *guten Morgen*). Nicht: *Ich begrüße Sie.*
- *Bedanken* Sie sich nur dann, wenn es *die* große Ausnahme ist, dass man als Student oder Doktorandin eingeladen wird, einen Vortrag zu halten. Ansonsten gilt: Wer anderen etwas bietet, muss sich dafür nicht bedanken. Bringen Sie vielmehr zum Ausdruck, dass Sie sich über die Chance *freuen*, vor einem sachkundigen Publikum die Ergebnisse Ihrer Arbeit vorstellen zu können.
- Alle Zuhörerinnen und Zuhörer freuen sich über ein paar freundliche persönliche Worte – zum Beispiel über ihre Stadt: „Ich bin gerne in das schöne Münster gekommen."

Zwei Beispiele:

Millionen sind ständig in Kontakt – online. Und fühlen sich nicht nur abends allein. Sie teilen mit, was sie shoppen und wohin sie als Nächstes gehen. Aber kein Wort, wie es ihnen wirklich geht. Die Zahl der Freunde auf *Facebook* und anderen Netzwerken ist wichtiger als die im analogen Leben.	*Aufmerksamkeitswecker*
Guten Morgen, ...	*Begrüßen*
Warum ist das so? Sind die inzwischen nicht mehr ganz so *Neuen* Medien daran schuld? Anders gefragt: Bezeichnen diese Feststellungen überhaupt ein Problem oder sind sie nur wertkonservative Kulturkritik? Diese Fragen will ich beantworten und Konsequenzen aufzeigen, die sich aus den Antworten für die Schule ergeben.	*Nutzen hervorheben*

Mein Name ist … Ich studiere Erziehungswissenschaft an der Universität Münster und schreibe zurzeit meine Masterarbeit über die Förderung von Sozialkompetenzen von Vorschulkindern. Ich habe mich über die Einladung zu dieser Konferenz sehr gefreut, denn es ist für mich eine große Chance, Ihnen meine Überlegungen vorstellen zu können.	*Vorstellen (danken und schmeicheln)*
Ich skizziere zunächst …	Überblick

Der Aufbau dieses Beispiels (modifiziert übernommen aus Franck 2017, 70f.) ist eine Anregung. Die fünf Schritte können flexibel arrangiert werden. Wurden Sie zum Beispiel vorgestellt, verändern sich Inhalt und Position des vierten Schritts. Zudem sind Schmeicheln und Danken kein Muss:

1088 wurde in Bologna die erste Universität Europas gegründet. Heute liegt sie in Trümmern. Nicht die *Università di Bologna*, nicht die schöne Stadt, sondern die Idee der Universität, die Hochschulreform, die 1999 unter dem Namen „Bologna-Prozess" auf den Weg gebracht wurde.	*Aufmerksamkeitswecker*
Warum ist dieser Prozess so grandios gescheitert? Um Antworten auf diese Frage geht es in meinem Vortrag.	*Nutzen hervorheben*
Guten Tag, …	*Begrüßen*
Ich freue mich, …	*Freude ausdrücken*
Ich untersuche …	Überblick

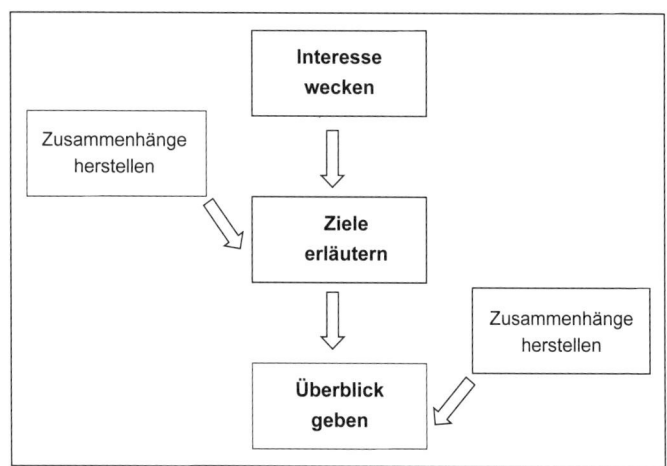

Abbildung 2: Elemente einer Einleitung (Franck 2023, 27)

Kurz und gut

Eine gelungene Vortragseinleitung besteht aus 3 + 2 Schritten:
1. Das *Interesse* der Zuhörerinnen *wecken*.
2. Den *Nutzen* des Referats *hervorheben*: Darum lohnt es sich, Ihnen zuzuhören?
3. Den *Aufbau* des Referats *erläutern*. Das erleichtert den Zuhörern, Ihnen zu folgen. Davon profitieren auch Sie.

Ist Ihr Referat Teil eines Seminars oder einer Vortragsreihe, sollten Sie erläutern, wie sich Ihr Beitrag in diesen Zusammenhang einordnet.

Referieren Sie vor unbekannten Zuhörer*innen, kommt ein weiterer Einleitungsschritt hinzu: begrüßen und sich vorstellen.

3 Wie schließe ich wirkungsstark?

Was zuletzt gesagt wird, wirkt in der Regel am längsten nach. Deshalb ist der Schluss so wichtig.

Zu einem runden Schluss gehören eine kurze Zusammenfassung und eine Take-Home-Message. Halten Sie Zusammenfassung und Take-Home-Message schriftlich fest, damit Ihr Schluss nicht durch Verlegenheitsfloskeln ruiniert wird.

Am Ende eines Vortrags sollte zunächst eine kurze Zusammenfassung der Hauptgedanken stehen: „Ich fasse zusammen. Mir ging es erstens um ..., zweitens um ... und drittens um ...“ Oder: „Zusammengefasst: Ich habe gezeigt, dass erstens, ... dass zweitens ... und dass schließlich ...“

Schließen Sie an diese Zusammenfassung eine *Take-Home-Message* an, die den Vortrag auf den Punkt bringt. Das kann eine Schlussfolgerung, ein Ausblick, ein einprägsames Bild, ein Leitgedanke oder Motto sein.

Ein Beispiel, das an den Vorschlag auf der Seite 20 anknüpft: „Während in Deutschland immer weniger gemordet wird, boomt die Lust am Mord in Büchern und auf allen TV-Kanälen. Das lässt nur einen Schluss zu: Es muss eine Faszination für Grauen geben.“

Ist nach Ihrem Referat eine Diskussion vorgesehen, können Sie dezent versuchen, Einfluss auf den Inhalt der Diskussion zu nehmen – zum Beispiel mit einem Hinweis auf offene Fragen: „Woher kommt diese Faszination? Was fasziniert am Grauen?“

Und der Dank für die Aufmerksamkeit? Ist nicht notwendig – Sie haben schließlich etwas geboten – und einfallslos. „Ich danke ihnen für Ihre Aufmerksamkeit“ signalisiert: Zu einem runden Schluss hat es nicht gereicht (bitte applaudieren sie trotzdem).

Befürchten Sie, die Zuhörer*innen würden ohne das obligatorische „Vielen Dank für ihre (oder eure) Aufmerksamkeit“ nicht merken, dass Ihr Vortrag zu Ende ist, kündigen Sie das Vortragsende an: „... und damit komme ich zum letzten Satz" (oder „mit dieser Feststellung schließe ich").

Der Schluss muss wirklich der Schluss sein und wirken – inhaltlich und atmosphärisch.

Inhaltlich: Halten Sie die Schlussformulierungen schriftlich fest. Verlassen Sie sich nicht darauf, dass Ihnen ein guter Schluss spontan einfällt. Oft kommt dann nicht mehr heraus als Entschuldigungen oder Hoffnungsfloskeln:

- „Ich danke Ihnen für Ihre Aufmerksamkeit."
- „Ja, das war eigentlich schon das Wichtigste. Vielen Dank für Ihre Aufmerksamkeit."
- „Ich hoffe, dass ich keine Frage offengelassen habe."
- „Ich habe leider vieles nur anreißen können."

Die Wirkung einer gelungenen *Take-Home-Message* oder eines abrundenden Zitats verpufft, wenn Sie eine Entschuldigung oder eine Hoffnungsfloskel nachschieben – und damit die Wirkung Ihres gesamten Schlusses. Deshalb: Nichts nachschieben, den Schlusssatz wirken lassen.

Atmosphärisch: Der Vortrag ist *über die Bühne gebracht.* Sie sind erleichtert. Das ist kein Grund, hörbar zu seufzen, laut durchzuatmen oder fluchtartig das Redepult zu verlassen.

Erwecken Sie nicht den Eindruck, Sie hätten etwas überstanden, von Ihnen sei eine Last gefallen. Signalisieren Sie: Es hat sich gelohnt, mir zuzuhören: Legen Sie nach dem letzten Satz eine Wirkungspause ein. Schauen Sie die Zuhörer*innen freundlich an. Lassen Sie Ihrem Publikum Zeit für Applaus.

Die folgende Bedeutungsskala soll unterstreichen, wie wichtig Einleitung und Schluss für den Gesamteindruck sind, den Sie hinterlassen.

Vortrag	Anteil am Vortrag	Anteil an der Gesamtbewertung
Einleitung	1/10 (max. 2/10)	1/3
Hauptteil	8/10 (7/10)	1/3
Schluss	1/10	1/3

Abbildung 3: Umfang und Bedeutung von Einleitung, Hauptteil und Schluss (Franck 2020, 111)

Kurz und gut

Ein gelungener Schluss besteht aus einer Zusammenfassung und einer Take-Home-Message. Bereiten Sie den Schluss schriftlich vor – und halten Sie sich an Ihre Schlussformulierungen, damit nicht Verlegenheitsformulierungen die Wirkung Ihres Schlusses schmälern.

4 Wie erhalte ich zwischen Einleitung und Schluss die Aufmerksamkeit aufrecht?

Zwischen Einleitung und Schluss geht es um das Wesentliche.
Worauf es inhaltlich ankommt, muss deutlich erkennbar, klar strukturiert und gut gegliedert sein.

Nehmen Sie die Zuhörer*innen sprachlich an die Hand: Führen Sie sie durch Ihr Referat.

Analogien, Beispiele, (rhetorische) Fragen und andere Publikumslieblinge helfen, die Aufmerksamkeit der Zuhörer*innen aufrechtzuerhalten. Mit treffenden Zitaten können Sie Ihrer Präsentation Glanz verleihen.

Ein guter Vortrag hat einen interessanten Anfang und einen gelungenen Schluss. Anfang und Schluss, empfahl Mark Twain, sollten möglichst dicht beieinanderliegen.

Stimmt Ihre Einleitung, erhalten Sie von den Zuhörerinnen einen Vorschuss. Den sollten Sie nicht verspielen, indem Sie zum Beispiel zu viel in einen Vortrag packen. Versuchen Sie nicht, in einer (knappen) halben Stunde zu erklären, wofür eigentlich ein Semester benötigt wird.

Wer viel redet, bringt oft wenig auf den Punkt – und der Nutzen für die Zuhörer bleibt unklar. Es kommt darauf an, den roten Faden im Blick zu haben und zu streichen, was gestrichen werden kann. Weniger ist oft mehr: weniger Details, mehr Klarheit. Robert Louis Stevenson, Autor der Schatzinsel: „Es gibt nur eine Kunst: das Weglassen!"

Klar strukturieren

Verwechseln Sie einen Vortrag nicht mit einem Wissensnachweis, mit der Aufgabe, all das unterbringen zu müssen, was Sie wissen. Verzichten Sie auf Rand- und Klammerbemerkungen: „Lassen Sie mich an dieser Stelle in Klammern hinzufügen, dass ..." „Gestatten Sie mir in diesem Zusammenhang folgende Randbemerkung: ..."

Viele Studenten und Doktorandinnen können sich häufig nicht von dem lösen, was für die *Erarbeitung* ihres Themas wichtig war, aber für die *Darstellung* des Themas unwichtig ist. Die Folge: Der Hauptteil ist, Vegetarierinnen und Veganer mögen mir das Bild bitte nachsehen, kein *Beef in the Burger,* kein saftiges Mittelstück zwischen Anfang und Schluss, sondern unverdauliche Kost, die auf wenig Begeisterung stößt.

Ob Sie informieren, analysieren, interpretieren oder vergleichen: Es kommt darauf an, das Wesentliche in den Mittelpunkt zu stellen. Prüfen Sie deshalb:

- Ist diese Information neu für die Zuhörerinnen und Zuhörer?
- Ist diese Information notwendig, weil sie zum Verständnis der Sache beiträgt?
- Ist ein historischer Exkurs wirklich notwendig?
- Stützen diese Beispiele Ihre Argumentation?
- Machen diese Daten und jene Fakten den Ertrag Ihrer Ausführungen und den Nutzen für die Zuhörer*innen deutlich? Und tragen sie dazu bei, dass *Ihre* Leistungen erkennbar werden?

Auch wenn es Ihnen schwerfällt, sich von Formulierungen zu trennen, um die Sie hart gerungen haben: Meistens gewinnen Vorträge, wenn sie gekürzt werden.

Gekonnt gliedern

Ist Ihr Referat klar gegliedert, können Sie problemlos die Struktur Ihrer Argumentation deutlich machen. Das erleichtert es den Zuhörer*innen, Ihnen zu folgen.

Sie können Ihren Vortrag zum Beispiel *chronologisch* gliedern, *räumlich* oder nach:

- *zentralen Merkmalen* (interne und externe Faktoren oder: Geschichte, Ziele, Aufbau und Organisation),
- *Funktionen* (Erziehung, Bildung, Weiterbildung) oder *Funktionsbereichen* (Einkauf, Produktion, Vertrieb),
- *Theorien und Konzepten* (phänomenologische, systemtheoretische, kommunikationstheoretische, materialistische Soziologie).

Empirische und experimentelle Arbeiten haben folgende Struktur: Darstellung und Lösung eines Problems.

Die Problem-*Darstellung* gibt Auskunft über

- das Problem, seine Relevanz und den Wissensstand über das Problem,
- das Vorgehen, um einen Beitrag zur Lösung des Problems zu leisten: Fragestellung und Annahmen: Hypothese(n) und Vorhersage(n).

Die Problem-*Lösung* umfasst

- den Versuch (das Experiment): Aufbau der Untersuchung (Versuchsaufbau, Versuchspersonen, Versuchsablauf) und Durchführung der Untersuchung,
- die Ergebnisse,
- die Diskussion der Ergebnisse und Schlussfolgerungen.

Worauf es beim Referieren und Bewerten von Forschungsergebnissen, Theorien, Kontroversen usw. ankommt, erläutere ich im Online-Angebot.

Wegweiser aufstellen

Alle Zuhörer*innen schätzen Wegweiser, die informieren, wo Sie gerade sind, wie es weitergeht und wohin es geht. Nicht genügend Informationen enthält folgender Wegweiser: „Ich komme zum zweiten Punkt" (zur dritten Frage, zum vierten Teil). Wenn Sie wandern, reicht es Ihnen nicht, wenn auf einem Wegweiser steht: „Hier geht es weiter". Sie erwarten den Hinweis, „Hier geht es nach ABC". Zuhörer*innen erwarten bei Vorträgen Hinweise wie diese:

- Was kennzeichnet diesen Vorschlag? Zum einen ein verkürztes Verständnis von Lernen und zum anderen ein Mangel an perspektivischem Denken. Was meine ich mit verkürztem Verständnis von Lernen?
- Ich komme zur dritten Frage, zum Zusammenhang von sozialer Herkunft und Lernerfolg. Ich untersuche zwei Aspekte: 1. Warum ... 2. Wie ... Zunächst zur Frage nach dem Warum.

• Der These, ein starkes Europa sei in erster Linie ein national orientiertes Europa, wird vor allem von ... widersprochen. Auf seine Argumente gehe ich nun näher ein.

Publikumslieblinge einbauen

Im Hauptteil kommt es besonders darauf an, die Aufmerksamkeit der Zuhörer*innen aufrechtzuerhalten. Mit Analogien, Beispielen, Bildern und Vergleichen, die Ihr Referat anschaulich machen, kann Ihnen dies gelingen.

Analogien

Mit Analogien lassen sich Sachverhalte veranschaulichen. Sie ermöglichen es, Zahlen und Zeiträume vorstellbar zu machen, deren Größe unseren Erfahrungshorizont überschreitet:
• 60 Millionen Elektromüll fielen 2022 weltweit an. Das entspricht dem Gewicht von 5940 Eifeltürmen.
• Täglich wird die Fläche von 90 Fußballfeldern dem Siedlungs- und Straßenbau geopfert.[5]
• Ein gutes Referat gleicht einer erfolgreichen Marsmission. Entscheidend sind ein gelungener Start, die erfolgreiche Durchführung der Mission und eine sichere Landung.

Zudem sind Analogien ein Mittel, Sachverhalte ironisch zu kommentieren. Ein Beispiel:

> Was ist Sinn und Zweck der Fußnote? Eine Frage, „die jeden Studienanfänger quält, wenn er zum ersten Mal in jene Unterwelt von Kurztexten eintaucht, aus der jeder wissenschaftliche Großtext wie durch ein Kanalisationssystem zugleich mit Belegen versorgt und von den abweichenden Lehrmeinungen unfähiger Kollegen entsorgt wird. Fußnoten sind also beiden: Nahrungszufuhr und Verdauung, Bankett und Toilette, Gastmahl und Vomitorium" (Schwanitz 2002, 461).

---

5   Hier finden Sie eine Hilfe zum Umrechnen von Flächen: https://rechneronline. de/flaeche/

Beispiele

Mit Beispielen können Sie Aussagen veranschaulichen – mit *konkreten und verständlichen* Beispielen, die einen erkennbaren Bezug zum Thema haben. Alle mögen solche Veranschaulichungen. Aktuelles und Beispiele aus der Praxis oder dem Alltag sind besonders beliebt. Ein Beispiel:

> Die Inszenierung von Politik hat Tradition. Die Inszenierung von Politik ist keine Erfindung des Medienzeitalters. Als Pontius Pilatus sich nach dem Urteilsspruch über Jesus demonstrativ in der Öffentlichkeit die Hände wusch, um symbolisch seine Unschuld zu signalisieren, war das eine gekonnte und wohlkalkulierte politische Inszenierung.

Beispiele sind wie Medikamente nur in der richtigen Dosierung hilfreich. Deshalb sollten sie angemessen eingesetzt werden.

Bilder, Metaphern

Die *Alterspyramide* und ein *Computervirus* sind Probleme. Und Metaphern. Metaphern und Bilder können Leben in einen Vortrag bringen – wenn sie verständlich, treffend und originell sind. Wenn es in einem Vortrag um die Retouren-Quote im Onlinehandel geht, die bis zu fünfzig Prozent erreicht, kann die Metapher *Achillesferse* des Online-Versandhandels eine Aussage pointieren.

Bilder verblassen, und Metaphern sind nicht mehr originell, wenn wir sie hundertmal gelesen oder gehört haben. Sie werden zu Klischees. Zum Beispiel: *Auge des Gesetzes, das Kind mit dem Bade ausschütten, Öl ins Feuer gießen, auf Augenhöhe, Licht am Ende des Tunnels* und *über den Tellerrand hinaussehen.*

Auf bekannte Bilder oder Metaphern sollte nur dann zurückgegriffen werden, wenn sie originell fortgesetzt werden können. Ein Beispiel aus einem Vortrag über die Politik der Bundesregierung während der Finanzkrise Griechenlands: Finanzminister Schäuble genügte es nicht, das Kind mit dem Bade auszuschütten; er musste dem Kind auch noch Seife in die Augen reiben.

Michael Maar rät: „Nimm Bilder ernst; vermische sie möglichst nicht. Vermeide die überfrequentierten. Denk und sieh neu." (2020,

121). Er könnte bei dieser Formulierung an Robert Habeck gedacht haben, den Freund der Metapher und Meister der Bildermischung.[6]

Vergleiche

Schule in Deutschland ist wie ein Fahrrad, das auf den Felgen fährt.

Mit Vergleichen können Sie Sachverhalte verdeutlichen – zum Beispiel die Tatsache, dass es in vielen Zusammenhängen auf Qualität ankommt und nicht auf Quantität: „Mit einem Tropfen Honig fängt man mehr Fliegen als mit einem Fass Essig".

Vergleiche sind zudem geeignet, einen Vortrag mit etwas Ironie oder einem Schuss Polemik zu würzen:

- Der Ministerpräsident sucht das Kameralicht wie Fruchtfliegen das Apfelkompott.
- „Viele Wissenschaftler sind wie fahrende Ritter, die im Mittelalter von Turnier zu Turnier reisten, um ihren Ruhm zu mehren. Heute ziehen Wissenschaftler von Kongress zu Kongress, um sich mit ihren wissenschaftlichen Gegnern zu messen." (Lodge 1996, 82).

Vergleiche können hinken oder geschmacklos sein – etwa, wenn man aus vielen E-Mails einen E-Mail-*Tsunami* macht. Sie können schiefgehen (und Politiker*innen die Karriere kosten), aber auch viel Kreativität freisetzen. Vergleiche müssen konkret und verständlich sein.

Fragen

Fragen sind ein Mittel, Vorträge aufmerksamkeitsstark zu beginnen (vgl. Seite 19). Fragen können zudem dazu beitragen, eine Beziehung zu den Zuhörer*innen herzustellen. Sie erhöhen die Aufmerksamkeit und erleichtern das Verständnis. Leiten Sie deshalb ab und zu Erläuterungen mit einer Frage ein.

Statt: Die Sozialpolitik der Ampel-Koalition scheiterte aus drei Gründen.

Frage: Aus welchen Gründen scheiterte die Sozialpolitik der Ampel-Koalition?

Statt: Die Grenzen der politischen Steuerung liegen ...

Frage: Wo liegen die Grenzen politischer Steuerung?

---

6   Nur ein (amüsantes) Beispiel: www.youtube.com/watch?v=2gge0PXPw1E

Wenn Sie eine Frage stellen, sollten Sie Ihren Zuhörerinnen (drei bis vier Sekunden) Zeit zum Nachdenken geben.

Ihre Frage kann eine echte oder eine rhetorische sein. Erwarten Sie von Ihren Zuhörern eine Antwort, sollten Sie das durch eine direkte Ansprache deutlich machen: „*Was meinen Sie:* Welche Nachteile haben Online-Seminare gegenüber Präsenzveranstaltungen?" Wollen Sie selbst antworten, lautet die rhetorische Frage: „Welche Nachteile haben Online-Seminare gegenüber Präsenzveranstaltungen?"

Sie können die Zuhörerinnen und Zuhörer auch auffordern, sich einige Minuten mit ihren Nachbar*innen über die von Ihnen gestellte Frage zu unterhalten.

Für eine solche Tuschelrunde sind klare Vorgaben notwendig: Wollen Sie die Ergebnisse hören oder lediglich eine Gelegenheit zum Austausch geben? „Was meint ihr, warum ist die Renaissance der Sexualisierung des weiblichen Körpers bei jungen Frauen aus der Unterschicht weiter verbreitet als in anderen sozialen Schichten? Spekuliert bitte mit eurer Nachbarin, mit eurem Nachbarn fünf Minuten, warum das so ist. Macht euch gemeinsam eine erste Vorstellung, mit der ihr meine Antworten vergleichen könnt."

Dem Referat Glanz verleihen: Zitate

Eigene Gedanken und Worte sind die Grundlage eines gelungenen Vortrags. Mit einem treffenden Zitat lassen sich Gedanken unterstützen: präzisieren, anschaulicher oder eindringlicher machen – und damit einem Referat Glanz verleihen.

Zitate runden *eigene* Gedanken ab. Deshalb kommt es bei der Ausarbeitung eines Vortrags darauf an, zunächst die eigenen Gedanken zu skizzieren. Erst dann wählt man Zitate aus, die diese Gedanken stützen und das Referat zum Klingen bringen können. Ein Plädoyer für eine umfassende Allgemeinbildung zum Beispiel lässt sich mit einem Eisler-Zitat auf den Punkt bringen: „Wer nur von Musik etwas versteht, versteht auch von Musik nichts."

Damit Zitate ihre Funktion erfüllen, müssen sie *treffend* und *verständlich sein* und *sparsam* eingesetzt werden.

Treffend: Ein Zitat erfüllt seine Funktion nicht, wenn es dem Publikum Rätsel aufgibt. Zitate müssen eindeutig sein, damit sie die Botschaft einer Rede unterstützen.

Verständlich: „Variato delecat." Wer kein Latein kann, steht vor einem Rätsel. Viele Menschen mögen das nicht. Es gibt keinen vernünftigen Grund, ein Zitat im Original zu bringen, kann man nicht sicher sein, dass die Zuhörer*innen lateinisch oder französisch sprechen. – Deshalb: „Abwechslung macht Freude".

Sparsam: Die Wirkung treffender Zitate verpufft, werden sie nicht richtig dosiert. Zu viel der guten Zitate ist schlecht. Wer ständig zitiert, verdeckt die eigenen Gedanken. „Sobald das Zitieren das Denken" ersetzt, verkommt der Gedanke „zu einer Form des Gebets" (Wildenhain 2017, 75).

Vermeiden Sie Zitat-Häufungen. Viele Zitate können als Unsicherheit wahrgenommen werden oder als Unvermögen, sich in eigenen Worten kurz und treffend auszudrücken. Als Faustregel formuliert: in fünf Minuten nicht mehr als ein Zitat.

     Ein weiteres Glanzmittel sind rhetorische Stilfiguren.

Humor und Ironie sind ein bezauberndes und riskantes Stilmittel. Zwar sind Tiefe und Leichtigkeit kein Widerspruch, aber eine sehr anspruchsvolle Verbindung: Sie haben sich sicher schon einmal fremdgeschämt für eine Rednerin, die verkrampft versucht, humorvoll zu sein, oder für einen Redner, der peinliche Witze erzählt.

Kurz und gut

Lieber kurz und interessant als langweilig: Wenige können 30 Minuten fesseln. Viele langweilen in wenigen Minuten. Packen Sie nicht alles, was Sie wissen, in einen Vortrag. „Alles sagen zu wollen, ist das Geheimnis der Langeweile" (Voltaire).

Haben Sie durch einen gelungenen Einstieg Aufmerksamkeit geweckt, können Sie durch anschauliche Beispiele und Vergleiche, durch aktivierende Fragen und treffende Zitate im Hauptteil die Aufmerksamkeit aufrechterhalten.

5 Wie setze ich Medien professionell ein?

Bei Präsentation zählt der Inhalt und die Person, die ihn vorträgt.
Medien sind Mittel zum Zweck. Sie sind kein Ersatz für die sorgfältige Ausarbeitung eines Vortrags. Und Folien sind kein Manuskriptersatz.

Der Vorzug von Beamer & Co sollte konsequent genutzt werden: Stets Blickkontakt halten und nicht zur Leinwand sprechen oder ständig auf den Laptop blicken.

Auf den *Inhalt* und auf *Sie* kommt es an. Wollen *Sie* überzeugen, brauchen Sie wohlgeordnete und verständliche Daten und Fakten, Ergebnisse und Argumente. Wollen *Sie* beeindrucken, müssen zunächst Sie angesehen werden, erst dann Folien. *Sie* sind Ihr wichtigstes Medium.

Medien sind Mittel, das Ziel zu erreichen, Inhalte verständlich und interessant zu präsentieren. Das misslingt im Wissenschaftsalltag oft gründlich:

- A reiht Textfolie an Textfolie und liest vor, was auf den Folien steht. Die Zuhörenden sind Zuleserinnen und Zuleser.
- B präsentiert Optikerfolien: „Ich habe die Daten in einer Tabelle zusammengefasst. Die ist jetzt ziemlich schlecht zu lesen. Ich wollte sie ihnen trotzdem einmal zeigen!"
- Auf dem Laptop von C ploppt eine Nachricht auf: *Virenschutz abgelaufen.*
- D spricht zur Leinwand. Er hat keinen Blickkontakt mit den Zuhörern.
- E hangelt sich von Folie zu Folie und nutzt den Laptop als Teleprompter. Kontakt zu den Zuhörerinnen stellt sie nicht her.

PowerPoint: Die große Versuchung

Das Präsentationshilfsmittel ist PowerPoint.[7] Die Software, entwickelt fürs Verkaufsgeschäft, ist in Verruf geraten, denn sie verleitet zu „leichtgewichtigen Präsentationen" (Eduard R. Tufte).

Viele Nutzer*innen lassen sich von PowerPoint verleiten, kein Manuskript auszuarbeiten, in dem festgehalten wird, was gesagt und betont, wie durch den Vortrag geführt und was gezeigt werden soll. Vielmehr dienen Folien als Manuskript. Und es wird kein nützliches Handout erstellt, sondern Folien kopiert.

Die Folge: viele Folien statt Struktur. Viele Folien mit viel Text und wenig Informationen. Viele Folien mit banalen Visualisierungen. Viele Folien, die das Auditorium inhaltlich unter- und visuell überfordern.

Deshalb wird gefragt: „Hat sie PowerPoint oder etwas zu sagen?" Oder gespottet: „Er hatte mehr Folien als Fakten."

Worauf es ankommt

Präsentationen sind kein Nachweis technischer Kompetenz (aber häufig von technischer Inkompetenz). Im Vordergrund steht Ihr Thema. An zweiter Stelle folgen Sie. *Sie* können mit Analysen, Schlussfolgerungen oder Beispielen beeindrucken – technische Hilfsmittel nicht.

Klären Sie deshalb stets zunächst diese Fragen:
* Was will ich sagen?
* Wie strukturiere ich das, was ich sagen will?
* Was stelle ich in den Mittelpunkt?
* Welche Beispiele und Belege ziehe ich heran?

---

7   Mit Keynote von Apple erzielen Sie die gleichen Ergebnisse. Eine Alternative ist Prezi (www. prezi.com). Dieses Programm orientiert sich nicht an der Folie und damit an der sequenziellen Präsentation, sondern setzt auf das Vorbild Poster. Das ist mit zwei Vorteilen verbunden: Man ist flexibler in der Reihenfolge der Präsentation und kann leichter einen Gesamtüberblick über die Präsentation geben.
Die Nachteile von Prezi: Es wird eine Internetverbindung benötigt, sowohl um eine Präsentation zu erstellen, als auch um sie zu zeigen. Zudem ist das Programm kostenpflichtig. Für Studierende und Lehrende sind die Kosten allerdings moderat. Zu weiteren PowerPoint-Alternativen siehe https://visme.co/blog/de/powerpoint-alternativen

Sind diese Fragen beantwortet, kann sinnvoll über den Einsatz von Medien entschieden und überlegt werden, wie Sie was visualisieren. Machen Sie den zweiten Schritt vor dem ersten, kommen Sie leicht ins Stolpern.

Lassen Sie sich nicht auf einen Wettbewerb mit Instagram oder Netflix ein. Sie können ihn nicht gewinnen. Diese Medien haben die besseren Bilder und die Serien die ausgefeiltere Dramaturgie.

Besser als Instagram oder Netflix können Sie in einer Präsentation Probleme analysieren, Entwicklungen bewerten, Tendenzen vergleichen – durch die verständliche und anregende Aufbereitung eines Themas.

Medien einsetzen

Ein großer Vorzug von PowerPoint-Präsentationen besteht darin, stets Blickkontakt halten zu können. Diesen Vorzug sollten Sie nutzen – und nicht zur Projektionsfläche sprechen. Sehen Sie Ihr Publikum an! Zudem sollten Sie auf folgende Punkte achten:

- Versperren Sie den Zuhörerinnen nicht die Sicht auf die Projektionsfläche.
- Folien sind Mittel der Veranschaulichung – keine Gedächtnisstützen und kein Ersatz für ein Manuskript.
- Die Zuhörer können lesen. Lesen Sie deshalb nicht vor, was auf der Folie steht.
- Machen Sie deutliche Sprechpausen beim Folienwechsel. Lassen Sie jede Folie zwei bis drei Sekunden wirken, bevor Sie auf den Inhalt eingehen.
- Zeigen Sie eine Folie nur so lange, wie Sie über deren Inhalt sprechen. Sie können die Folie mit den Kurzbefehlen *w* oder *b* ausblenden: Das Bild wird weiß oder schwarz. Das ist zum Beispiel dann sinnvoll, wenn Sie auf eine Frage eingehen, die nichts mit dem zu tun hat, was Sie gerade zeigen. Mit erneutem Drücken von w(hite) oder b(lack) wird die Folie wieder gezeigt.
- Lassen Sie den Zuhörenden genügend Zeit, sich Notizen zu machen.
- Vermeiden Sie Häppchenkost. Die Aufdecktechnik hat zwar den Vorzug, Informationen Schritt für Schritt präsentieren zu können, aber den großen Nachteil, an Schule zu erinnern.

- Präsentieren Sie im Referentenmodus: Diese Einstellung hilft, die Übersicht zu behalten. In diesem Modus sind die Folie zu sehen, die gezeigt wird, und die folgende Folie. Das ermöglicht elegante Übergänge. Wurden in PowerPoint Notizen zu den Folien angefertigt, sind diese gleichfalls zu sehen. Mit der Funktion „Alle Folien anzeigen" wird die gesamte Präsentation sichtbar. So kann bei Fragen ohne langes Suchen die Folie noch einmal gezeigt werden, auf die sich die Frage bezieht.

Und wenn Sie einen „Aufstand der Dinge" erleben? Wenn der Beamer den Geist aufgibt, das Smartboard scheußlich flimmert oder das Notebook kontinuierlich hartnäckig meldet: *Updates nicht möglich?*

Bei einem Vortrag über zeitgenössische Malerei, asiatische Schmetterlinge oder über Architektur und Stadtgrün wäre das eine kleine Katastrophe. In den meisten Fächern ist es der Test, ob Sie PowerPoint-abhängig sind. Funktioniert Ihr Vortrag auch ohne Folien, haben Sie die Gewähr, gut vorbereitet zu sein – zu wissen, dass Sie etwas und was Sie zu sagen haben. Darauf kommt es an.

Beim Einsatz von Medien sollten Sie die Präsentationskultur Ihrer Disziplin bzw. Fachbereichs beachten. Ist in Mathematik die Tafel selbstverständlich, würde in anderen Disziplinen der Tafeleinsatz verblüffen.

   Nützlich in kleinen Räumen: das Flipchart.

Kurz und gut

Auf den Inhalt und den Redner, die Rednerin kommt es an. Medien können präzise Analysen, überzeugende Argumente und treffende Beispiele unterstützen, aber nicht ersetzen.

Beamer & Co haben den Vorzug, den Blickkontakt zu den Zuhörer*innen halten zu können. Diesen Vorzug sollten Sie unbedingt nutzen.

6 Wie visualisiere ich gekonnt?

Referate, Vorträge, Präsentationen im Wissenschaftsbereich sind keine Bildershows.

Bilder, Grafiken, Diagramme dienen dazu, komplexe Sachverhalte zu veranschaulichen, Interesse zu wecken und die Aufmerksamkeit aufrechtzuerhalten. Sie sind enorm hilfreich, wenn erläutert werden soll, was der sinnlichen Wahrnehmung nicht zugänglich ist.

Professionell gestaltete Folien sind frei von PowerPoint-Schnickschnack. Bei der Foliengestaltung ist die Frage leitend: Was sollen die Zuhörer*innen den Folien entnehmen? Die Informationen auf einer Folie müssen auf einen Blick erfasst werden können.

Ein Bild sagt nicht immer mehr als tausend Worte. Aber es kann manchmal bessere Dienste leisten als viele Worte.

Was sollten Sie ins Bild setzen, um Ihre Worte zu unterstützen? Was wichtig ist: Visualisiert werden zentrale Aussagen, Objekte und Prozesse sowie exemplarische Beispiele.

Dazu zählen nicht: das Vortragsthema oder gar „Guten Tag" oder „Vielen Dank für Ihre Aufmerksamkeit". Für die Begrüßung und den Dank brauchen Ihre Zuhörer*innen keine visuelle Unterstützung. Zum Thema Ihres Referats sollten Sie interessant hinführen, statt es einfallslos auf eine Folie zu schreiben. Auch Einzelheiten werden nicht visualisiert. Zahlen mit der dritten Stelle nach dem Komma kommen nicht auf Folien, sondern allenfalls in ein Handout.

Zu viele Bilder führen zu einer visuellen Übersättigung und provozieren die Frage, ob die Bilder ein Ersatz für treffende Worte sind.

Visualisierungen sollen Zusammenhänge und Abläufe verdeutlichen, Thesen und Argumente unterstützen – nicht ersetzen oder verdecken. Visualisieren lässt sich mit dem Einsatz von Zitaten in

einem Vortrag vergleichen: Mit einer gelungenen Visualisierung
können Sie – wie mit einem treffenden Zitat – Ihre Gedanken unterstützen: anschaulicher oder eindringlicher präsentieren, Ihrer
Präsentation Glanz verleihen.

Bilder, Fotos, Grafiken, Diagramme usw. haben vor allem die
Funktion, das Verstehen zu unterstützen. Sie können das Verständnis erleichtern

- von *Zusammenhängen*, die verbal nur nach und nach entwickelt
  werden können (Abbildung 4),
- von *Prozessen* und *Strukturen*, die der sinnlichen Wahrnehmung
  nicht zugänglich sind, weil sie sich zum Beispiel im Inneren des
  menschlichen Körpers oder einer Maschine abspielen (Abbildung 5),
- von *Sachverhalten*, die Ihre Zuhörer*innen *nicht aus eigener An-
  schauung* kennen – vom Afrikanischen Weißbauchigel bis zum
  Zahnwal.

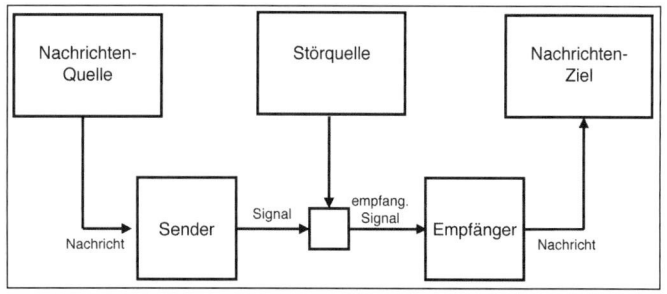

Abbildung 4: Das Kommunikationsmodell von Shannon und Weaver

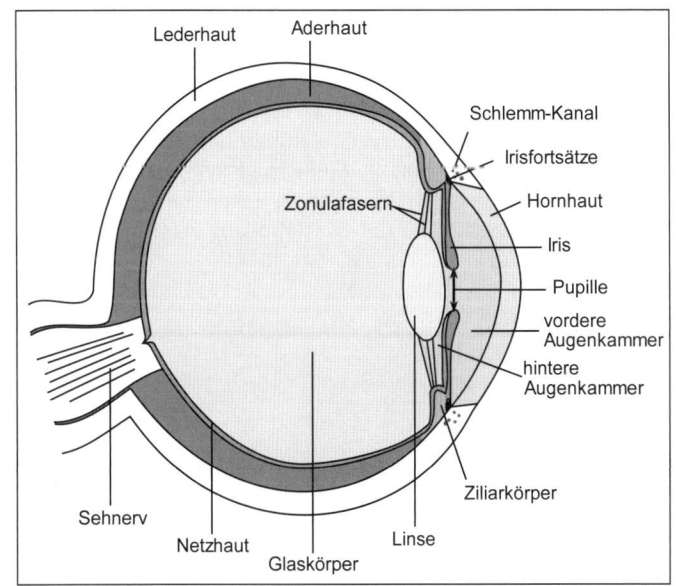

Abbildung 5: Augapfel und Sehnerv beim Menschen (Darstellung eines horizontalen Querschnitts des linken Auges von oben – Quelle: Wikipedia)

Bilder können emotionale Reaktionen auslösen. Deshalb eignen sie sich als Aufmerksamkeitswecker. Drei Beispiele:

- Ein Vortrag über soziale Ungleichheit wird mit einem Bild eröffnet, das Schlangen vor der Essensausgabe einer Tafel zeigt und mit einem Bild eines Dinners im Rahmen der Bayreuther Festspiele kontrastiert.
- Ein Vortrag über Wahrnehmungsmuster wird mit einem Bild eröffnet, das zeigt, wie unterschiedlich Objekte wahrgenommen werden können (Abbildung 6).
- Es befriedigt die Neugier der Zuhörerinnen und Zuhörer, wenn sie die Personen sehen, über die gesprochen wird. Deshalb bietet es sich zum Beispiel an, ein Referat über die Instrumentalisierung

des Sports durch die Politik mit Bildern von Minister*innen bei wichtigen Fußballspielen oder Olympischen Spielen zu zeigen.[8]

Wenn Visualisieren diese Funktionen erfüllen soll und durch eine wohlüberlegte Bildauswahl erfüllt – immer dann ist Visualisieren nützlich. Immer dann lohnt die Mühe zu visualisieren.

Wenn Sie sich diese Mühe machen, halten Sie es mit Johann Wolfgang von Goethe: „In der Beschränkung zeigt sich erst der Meister" (1948 Bd. 3, 623) und die Meisterin.

Abbildung 6: Bild für einen Vortragseinstieg

Visualisieren kann zudem helfen, Handlungen zu steuern, zum Beispiel wie man eine Krawatte bindet oder ein Regal aufbaut. Das ist vor allem in technisch-naturwissenschaftlichen Fächern eine überaus nützliche Funktion.

In der Schule mag es nützlich sein, das Behalten zu unterstützen. In der Wissenschaft hängt das Behalten der Inhalte einer Prä-

---

8   Auch beim Einsatz von Bildern ist es wichtig, die Voraussetzungen und Erwartungen der Zuhörer*innen im Blick zu haben. Blamierte man sich zum Beispiel auf einem Kongress der *Deutschen Gesellschaft für Psychologie*, wenn man einen Vortrag über die Gestalttheorie Bilder von Max Wertheimer und Wolfgang Köhler zeigen würde, fänden in einem Psychologie-Einführungsseminar Studierenden solche Bilder gut

sentation primär davon ab, ob es gelingt, die Relevanz eines Anliegens, die Bedeutung eines Vorschlags deutlich zu machen oder zu berühren, Emotionen zu wecken. Kurz: Es geht um Verstehen und Aufmerksamkeit, um Interesse und Einsicht.

Folien schnörkellos gestalten

Visualisieren bedeutet nicht: eine Bilderflut produzieren oder viel Text auf Folien übertragen, sondern *Informationen gestalten*. Fragen Sie bei der Gestaltung von Folien daher nicht: Was kann ich alles auf eine Folie packen? Prüfen Sie vielmehr: Was soll mein Publikum der Folie *entnehmen*?

Worauf kommt es an?

Überschaubare Zahl an Informationen

Die Informationen auf einer Folie sollten auf einen Blick erfasst werden können. Nutzen Sie deshalb maximal 60% der Folie aus. Lassen Sie an allen Seiten einen breiten Rand und genügend Abstand zwischen den Zeilen. Schreiben Sie nicht mehr als zehn Wörter pro Zeile.

Schlüsselbegriffe statt Sätze

Textfolien sollen das gesprochene Wort nicht ersetzen. Informationen gestalten bedeutet: Aussagen in Schlüsselwörtern verdichten. Ganze Sätze sollten die Ausnahme sein; sie sind zum Beispiel (falls dies sinnvoll erscheint) prägnanten Definitionen vorbehalten.

Richtige Schriftgröße

Nicht unter 20 Punkt – besser größer:
20 Punkt für Bildunterschriften
24 Punkt für den laufenden Text und
24 Punkt fett für Hervorhebungen
28 Punkt fett für Zwischenüberschriften und
32 Punkt fett für die Hauptüberschrift.

Überlegter Umgang mit Farbe und Schrift

Seriöse Folien sind keine bunten Bildchen. Setzen Sie Farbe gezielt ein zur Hervorhebung und Gliederung. Heben Sie identische Sachverhalte mit denselben Farben hervor (zum Beispiel rot für Ursache und blau für Wirkung).

Wechseln Sie die Schriftart nur dann, wenn Sie deutlich machen wollen, diese Aussage hat eine andere Bedeutung, einen anderen Stellenwert. In der Regel genügt eine Schriftart (wollen Sie die Überschrift absetzen, dürfen es auch zwei sein). *Arial* ist eine gute Wahl.

Klare Struktur

Kein Wirrwarr an Hervorhebungen! Gliedern Sie Textinformationen durch Ziffern und Spiegelstriche, durch Punkte oder andere typografische Elemente.

Kein Design-Schnickschnack

Die meisten PowerPoint-Vorlagen sind für seriöse Präsentationen ungeeignet: Schnickschnack.

Bewegung und Ton überlegt einsetzen

PowerPoint lädt zum „Animieren" von Folien ein. Wählen Sie ausschließlich seriöse Effekte. Lassen Sie eine neue Textzeile oder ein neues Bildelement nur *erscheinen* und nicht *einfliegen*. Sound- und Übergangseffekte sind an Kindergeburtstagen okay.

Keine Drohungen

„Folie 1 von 57". Solche Ankündigungen schrecken ab. Es gibt keinen plausiblen Grund, Folien zu nummerieren (und 57 Folien sind entschieden zu viel).

Keine Dateinamen und Mini-Visitenkarten

Auch Ihr Name ist verzichtbar. Die Zuhörerinnen können ihn eine Zeit lang behalten (und länger, wenn Ihre Präsentation gelungen war).

Der Dateiname (Präsentation_09_2024_Nachhaltige Forstwirtschaft.pptx) ist eine Zumutung. Auf Folien soll zu sehen sein, was für die Zuhörer wichtig ist – sonst nichts.

Zahlen gekonnt visualisieren

Zahlen sind nicht selbstredend. Auch dann nicht, wenn sie als Diagramm präsentiert werden. Diagramme können eine Argumentation, eine These veranschaulichen, aber nicht ersetzen.

Deshalb: Diagramme gezielt und wohldosiert einsetzen, um Relationen und Entwicklungen zu verdeutlichen. Tabellen sollten Sie nur dann einsetzen, wenn Sie sicher sein können, dass sie gut lesbar sind. Nach meinen Erfahrungen ist das selten der Fall.

Übersetzen Sie Zahlen und Daten in Diagramme, sollten Sie

1. Diagramme so gestalten, dass Ihr Publikum über die *Informationen* nachdenkt und nicht über die Diagramm-*Gestaltung*,
2. nur *das zeigen, was die Daten aussagen*,
3. *Zusammenhänge* statt Details präsentieren.

Diagramme brauchen einen *Titel*, der knapp und treffend informiert, worum es geht. Diagramme brauchen keinen Schnickschnack. So habe ich bei allen Abbildungen auf Symbole und Bilder verzichtet, weil weder Symbole noch Bilder etwas zur Sache beitragen. Eyecatcher sollen die Kernaussage eines Diagramms unterstreichen und kein Schmuckwerk sein. Eyecatcher sind anspruchsvolle Kür.

Prüfen Sie stets: Sind eine *Legende* und *Quellenangaben* notwendig? Sind die *Farben* oder *Schraffuren* deutlich erkennbar und voneinander zu unterscheiden?

Welcher Diagrammtyp ist wofür geeignet?

Kreisdiagramm

Das Kreisdiagramm eignet sich vor allem zur Darstellung von (Prozent-)Anteilen an einer Grundgesamtheit (100%). Folgende Gesichtspunkte sollten Sie bei der Gestaltung eines Kreisdiagramms beachten:

• Nicht mehr als sechs Werte, sonst ist keine problemlose Orientierung möglich.
• Die Kreis-Segmente werden im Uhrzeigersinn angeordnet – beginnend mit dem größten Wert.

- Sie können ein Segment herausstellen, wollen Sie auf einen Aspekt besonders aufmerksam machen.

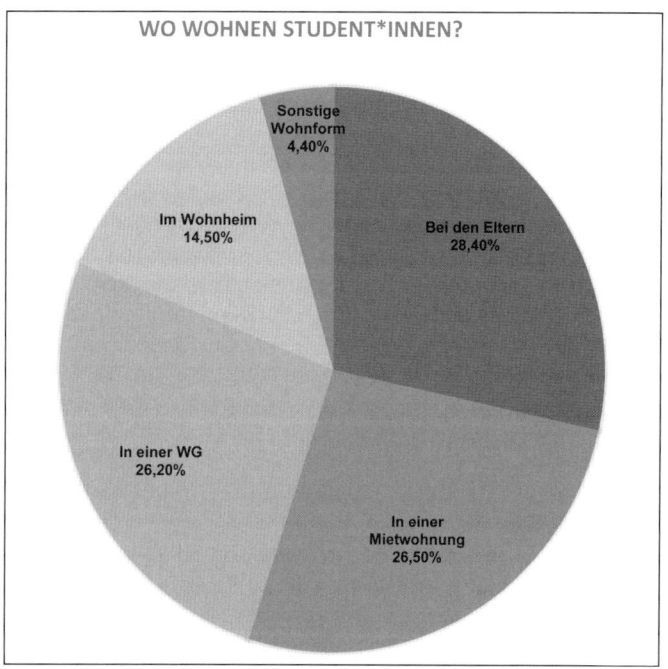

Abbildung 7: Kreisdiagramm (Quelle: Centrum für Hochschulentwicklung)

Kurvendiagramm

Veränderungen im Laufe der Zeit, Schwankungen, Ab- und Zunahmen lassen sich mit einem Kurven- oder Liniendiagramm visualisieren (Abbildung 8).

Balken- und Säulendiagramm

Für die Darstellung von *Häufigkeitsverteilungen* ist das Säulendiagramm geeignet (Abbildung 9). Sind solche Verteilungen *Rangfolgen,* bietet sich das Balkendiagramm an (Abbildung 10).

Einfache Balken, Säulen und Kurven sind schneller und leichter zu erfassen als dreidimensionale Darstellungen. Deshalb sind sie angemessen. Mehrdimensionale Darstellungen sind unnütze Spielereien.

Abbildung 8: Kurvendiagramm (In Klammern: Zahl der Mitgliedsstaaten)

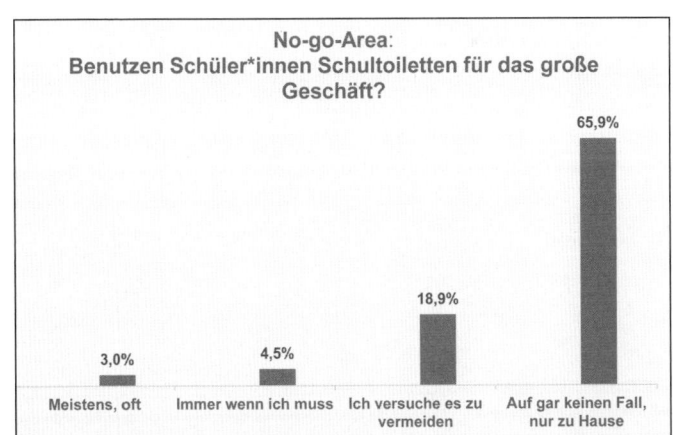

Abbildung 9: Säulendiagramm (Quelle: Toiletten machen Schule (2023, 39) – Keine Angaben 7,8%)

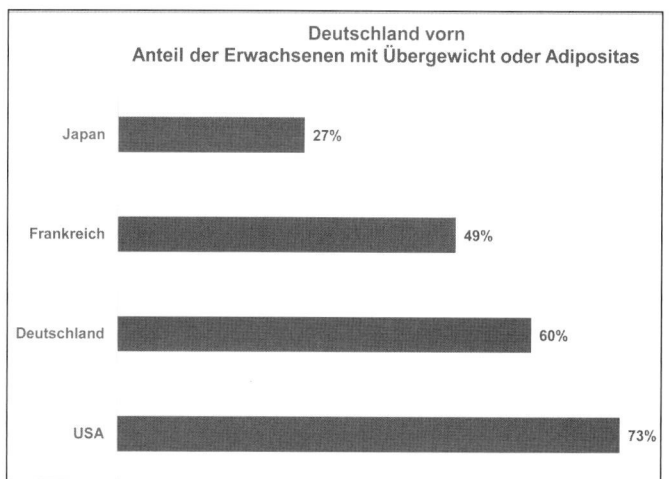

Abbildung 10: Balkendiagramm (Quelle: OECD)

Piktogramme haben keinen höheren Informationswert als Diagramme. Sie machen nur mehr Arbeit. Was meinen Sie: Hat diese Mehrarbeit bei Abbildung 11 gelohnt?

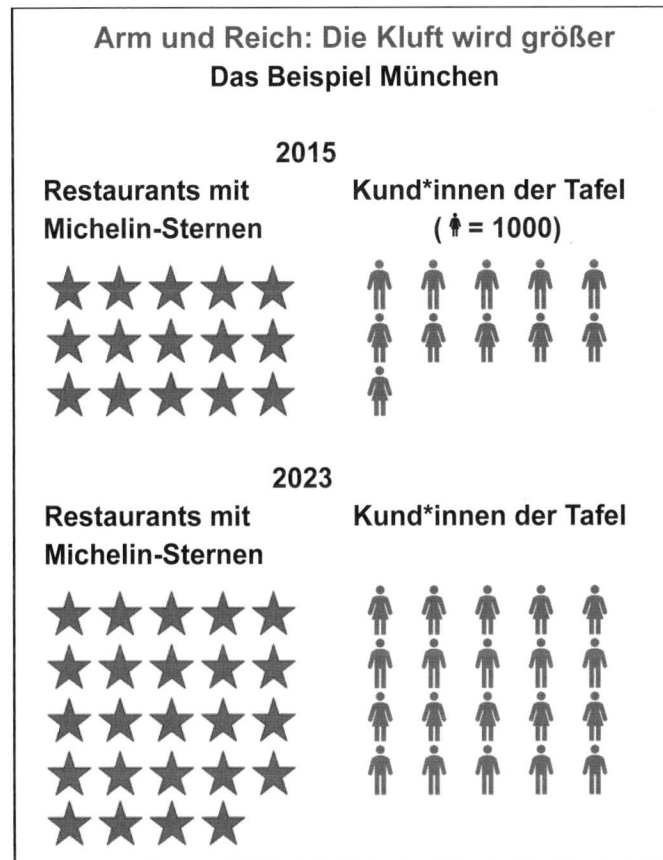

Abbildung 11: Piktogramm (Quelle: Süddeutsche Zeitung Nr. 202 vom 2./3.9.2023, S. 34)

Auch *Infografiken* sind meist viel Lärm um nichts. Allgemeiner: Lassen Sie sich nicht auf einen Wettbewerb mit der Bilderwelt Sozialer Medien ein. Sie können nur verlieren. Gewinnen können Sie mit stichhaltigen und originellen Argumenten, neuen Beobachtungen und überraschenden Ergebnissen.

Zahlenbilder: Wollen Sie eine Entwicklung drastisch ins Bild rücken, können Sie zum Beispiel Veränderungen wie in Abbildung 12 visualisieren. Setzen Sie solche Bilder sparsam ein.

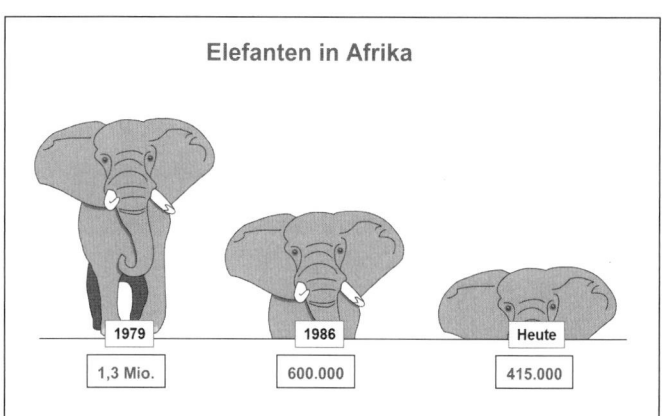

Abbildung 12: Daten als Zahlenbild (Quelle: WWF)

 Eine farbige Version der fünf Abbildungen finden Sie auf den Plus-Seiten unter https://www.utb.de/doi/suppl/ 10.36198/9783838556963.

Nützliche Hinweise auf Tools zur Visualisierung von Daten finden auf den Seiten von Skala-CAMPUS: www.skala-campus.org/artikel/ tipps-daten-visualisieren-excel/

Kurz und gut

Visualisiert werden zentrale Aussagen, Objekte und Prozesse sowie exemplarische Beispiele – frei von Schrift- und Farbwirrwarr, Schmuckbildchen und viel Text. Die Zuhörer*innen sollen sich mit dem Inhalt von Folien beschäftigen, nicht über deren Gestaltung grübeln.

7 Ist frei reden Pflicht, ein Manuskript tabu?

Erst schreiben, dann reden – soll ein Vortrag oder Referat gelingen.

Ein Manuskript ist keine Schande, sondern unverzichtbar. Es muss allerdings richtig genutzt und funktional gestaltet werden. Ob ein ausgearbeitetes oder ein Stichwortmanuskript die richtige Wahl ist, hängt von den individuellen Voraussetzungen ab. Auch Mischformen oder eine Gedanken-Landkarte können zweckdienlich sein.

Der *gelungene* freie Vortrag ist Ergebnis intensiver Vorbereitung (oder langjähriger Routine). Zur Vorbereitung gehört die *schriftliche* Ausarbeitung dessen, was *frei* vorgetragen werden soll. Die Betonung liegt auf *sprechen:* Lesen Sie nicht vor, was im Manuskript steht, sondern nutzen Sie es als eine Gedächtnisstütze. Sie blicken ab und an (oder auch öfter) sich vergewissernd auf Ihr Manuskript. Und sprechen dann, mit Blickkontakt zum Publikum, frei.

Da man dem freien Vortrag die Mühen der Vorbereitung nicht anhört, kann der Eindruck entstehen, die schriftliche Ausarbeitung sei verzichtbar. Doch nur auf der Grundlage eines ausformulierten Textes kann man sich auf einen Vortrag gut vorbereiten, Gedanken in die richtige Reihenfolge bringen, an prägnanten Formulierungen feilen und an einer gelungenen Einleitung, einem prägnanten Schluss und an präzisen Überleitungen. Kurz und umgangssprachlich: Die schriftliche Vorbereitung eines Vortrags ist nicht alles. Aber ohne eine solche Vorbereitung wird der Vortrag meist nichts.

Erst dann, wenn ein Vortrag schriftlich ausgearbeitet ist, stellt sich die Frage: ausgearbeitetes Manuskript oder Stichworte? Das ist keine Glaubensfrage. Vielmehr kommt es darauf an, ein Manuskript nach den eigenen Voraussetzungen zu gestalten.

Ausgearbeitetes Manuskript

Vielen gibt ein ausformuliertes Manuskript Sicherheit. Das ist ein wichtiges Argument für diese Form. Wer mit dieser Manuskriptform an den Vortragsstart geht, muss der Versuchung widerstehen, abzulesen. In einem ausformulierten Manuskript muss ein „Hörtext" stehen (mehr dazu auf Seite 63).

Damit das ausformulierte Manuskript seine Zwecke erfüllt, ist eine funktionale Gestaltung wichtig. Auf fünf Punkte kommt es an:

* Groß schreiben, damit Sie den Text ohne Mühe lesen können und nach Blickkontakt mit dem Publikum ohne Schwierigkeiten wieder den Anschluss finden: 16 Punkt, Zeilenabstand 1,5. Lassen Sie zudem einen breiten Rand, um jede Zeile mit einem Blick erfassen zu können.
* Einzelne Gedanken deutlich voneinander abheben.

Abbildung 13 soll diese Empfehlungen verdeutlichen:

Marx hat das in der elften These über Feuerbach
prägnant auf den Punkt gebracht.

Ich zitiere:

„Die Philosophen haben die Welt nur verschieden
interpretiert;
es kommt aber darauf an, sie zu *verändern*."

Zitat Ende.

Marx umreißt mit dieser These …

Abbildung 13: Manuskript großzügig gestalten

- Hervorhebungen richtig dosieren. Sehr viele Hervorhebungen (fett, kursiv und unterstrichen) strukturieren nicht, sondern verwirren.
- Handlungsanweisungen in das Manuskript aufnehmen (z.B.: → Unterlagen verteilen) und mit Farben oder anderen Signalen Hinweise zum Sprechen einbauen (z.B.: _ = betonen, // = Pause).
- Aus unterschiedlichen Gründen kann die Zeit knapp werden. Für diesen Fall ist es nützlich, Passagen markiert zu haben, die man überspringen kann: Von einem hektischen Durchziehen des gesamten Vortrags hat niemand etwas.

Das Manuskript-Papier sollte mindestens 90 Gramm stark sein. Nehmen Sie DIN-A5-Karten, sollten Sie das Manuskript in der Hand halten müssen. Beim Drucken müssen Sie für diese Karten nur eine Einstellung ändern: den unteren Rand auf 17 cm vergrößern.

Karteikarten dieses Formats haben einen weiteren Vorzug: Ihre Hände wissen, wohin. Nehmen Sie sich ausnahmsweise ein Beispiel an TV-Moderator*innen: beide Hände unten an die Karte. Das führt auch zu einer guten Schulterhaltung.

Stichwort-Manuskript

Diese Manuskriptform schließt nicht aus, bestimmte Passagen auszuformulieren. Es sind also auch *Mischformen* zwischen ausgearbeitetem Manuskript und Stichwortkonzept möglich.

Wenn Sie nach Stichworten reden wollen und noch unsicher sind, ob das klappt, kommen Sie mit einem „Doppel-Manuskript" weiter: Sie arbeiten den Vortrag Wort für Wort aus und lassen dabei auf der rechten Seite des Blattes einen breiten Rand, auf dem Stichworte notiert werden. Der Vortrag wird auf der Grundlage von Stichworten gehalten; zur Sicherheit haben Sie den ausformulierten Text vor sich.

Gedanken-Landkarte

Eine Gedanken-Landkarte als Vorlage hat den Vorteil, dass Sie das gesamte Thema auf einen Blick vor sich haben. Zudem enthält ein

Bild sprachliche Hilfestellungen. Ein Beispiel: Abbildung 14 (Seite 61) gibt mir bei Vorträgen optisch die Formulierungshilfe: „Ich gehe auf vier Aspekte ein." Ich sehe: Bei der Struktur liegt der Schwerpunkt meiner Erläuterungen. Meine Augenbewegung „sagt" mir, dass ich „zunächst auf die Planungsgrößen Zuhörer*innen und Ziel eingehe". Komme ich während des Vortrages in Zeitnot und muss deshalb einige Gesichtspunkte weglassen, sehe ich auf einen Blick, was ich auslasse und zu welchem Punkt ich springe.

Zahlen, Daten und Zitate können auf gesonderten Blättern notiert werden, und die Abfolge des Vortrags lässt sich durch Zahlen kennzeichnen.

Höre ich in meinen Seminaren und Workshops: „Als Beispiel möchte ich folgendes Beispiel bringen ..." Oder: „Genau (Pause). Wie oben gezeigt ist ..." – empfehle ich dem Teilnehmer, sich auf ein ausformuliertes Manuskript zu stützen.

Höre ich: „Zur Umsetzung der aus parteipolitischen Gründen lange verzögerten Schieneninfrastrukturausbaubeschleunigung müssen drei Voraussetzungen, die miteinander verknüpft sind, gegeben sein" – weise ich die Teilnehmerin darauf hin, dass ein Vortrag kein Aufsatz ist und empfehle, die Chancen eines ausgearbeiteten Manuskripts zu nutzen: prägnante und anschauliche Sätze vorzubereiten und pointiert zu formulieren.

Kurz und gut

Ein Manuskript ist – sofern man sich daran hält – Ausdruck von Höflichkeit: Man spricht über das, worüber man sich vorher Gedanken gemacht hat.

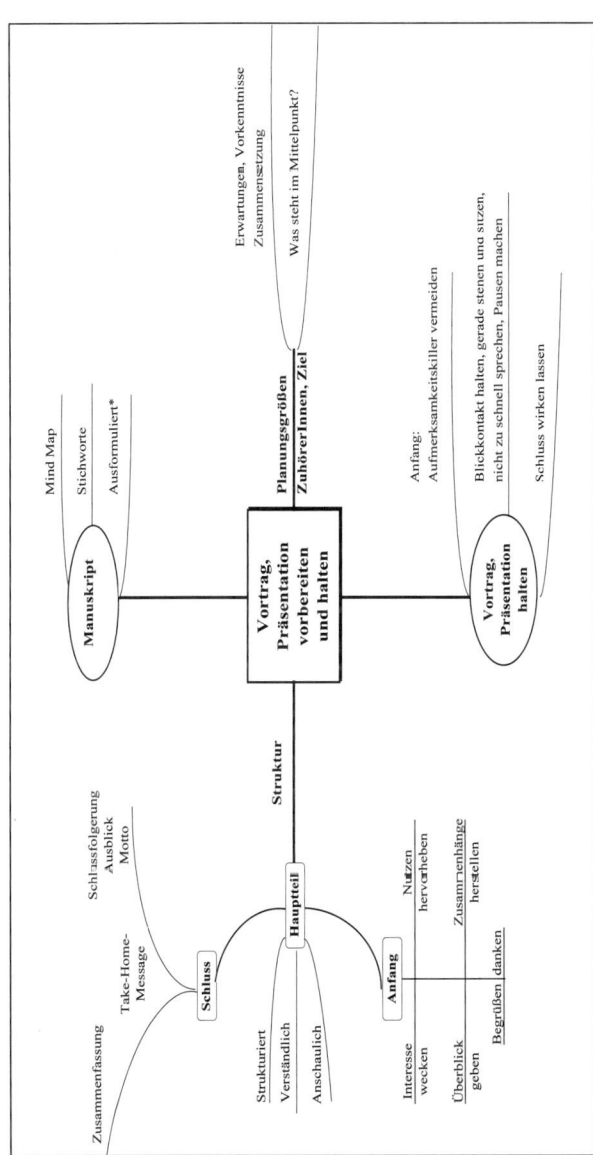

Abbildung 14: Gedanken-Landkarte als Manuskript

8 Was sollte ich beim Schreiben fürs Reden beachten?

Auf schlanke Sätze und klare Worte kommt es beim Schreiben fürs Reden an.
   Packen Sie nicht zu viel in einen Satz. Räumen Sie jedem Gedanken einen eigenen Satz ein. Bringen Sie Fakten und Schlussfolgerungen Schritt für Schritt zu Papier.
   Ihre Zuhörer*innen können Ihnen leichter folgen, wenn Sie Zahlen und Statistiken überlegt dosieren und Pronomen und Abkürzungen sparsam verwenden.

Ein Studienrat sitzt mit seiner Angebeteten auf einer Parkbank im Mondschein. Er fragt sie: „Liebst du mich?" Sie antwortet: „Ja." Der Studienrat: „Antworte bitte im ganzen Satz."
   Eine Karikatur (ich habe sie einem Beitrag im Deutschlandfunk Kultur entnommen), die für die Vorstellung steht: gesprochene Sprache sei nur dann gut ist, wenn sie Schriftsprache ist (Brummerloh 2022).

Viele Referate und Vorträge kommen nicht deshalb schlecht an, weil sich die oder der Vortragende auf ein ausformuliertes Manuskript stützt. Viele Vorträge werden vielmehr deshalb als Zumutung empfunden, weil sie leblos wirken. Leblos wirken sie, weil sie auf Schriftsprache beruhen – sie sind lautgemachte Schrift.[9]

---

9   Vielleicht gefällt Ihnen zweimal „Viele Vorträge" am Satzanfang nicht. Vielleicht mögen Sie die Wiederholung von „leblos wirken" nicht. Was Ihnen im geschriebenen Text als pure Wiederholung missfallen mag, empfehle ich Ihnen im Online-Teil im Kapitel Stilfiguren für Referate und Vorträge: die *Anapher* und die *Kontakt-Stellung*. Mit diesen rhetorischen Mitteln können Sie die Bedeutung einer Aussage wirkungsvoll unterstreichen. Allgemeiner formuliert: Derselbe Satz hat nicht immer die gleiche Wirkung.

Die Folge: gelangweilte Zuhörerinnen. Zuhörer erwarten *Hör-Texte,* deren Regisseurin die Rhetorik ist. Niemand mag Vorträge, in denen die Grammatik Regie führt, die oberste Instanz der Schriftsprache.

Halten Sie es deshalb mit Gotthold Ephraim Lessing. Er empfahl seiner Schwester: „Schreibe wie Du redest, so schreibst Du schön." Orientieren Sie sich an der gesprochenen Sprache. Formulieren Sie verständlich, konkret und so anschaulich wie möglich. *Orientieren* meint: Nicht die Unzulänglichkeiten der Umgangssprache übernehmen – zum Beispiel Füllwörter oder Sätze, die nicht korrekt zu Ende gebracht werden.

Was ist notwendig, damit im Manuskript kein Lese-, sondern ein Redetext steht? Wie müssen Referate und Vorträge formuliert werden, damit sie *verstanden* und gut *gesprochen* werden können?

Schlanke Sätze formulieren

Es ist unhöflich, andere Menschen zu unterbrechen. Und es ist unfreundlich, Aussagen durch mehrere Nebensätze zu unterbrechen. Das Verständnis eines Vortrags wird erschwert, wenn Informationen stark verdichtet werden, wenn zu viel in einen Satz gepackt und in Bandwurm- und Schachtelsätzen gesprochen wird.

Ich illustriere an einem Satz, wie umständliche und verschachtelte Sätze verschlankt und entwirrt werden können:

> Ich erinnere mich, dass mir einer derer, die über Politik so viel nachgedacht haben wie wenige sonst, nämlich Carl Schmitt, erklärt hat, wenn er noch einmal eine Vorlesung über das Staatsrecht und seine Geschichte zu halten hätte, würde er mit den Primaten beginnen.

Der Satz wurde nach dem Motto formuliert: Warum einfach, wenn es auch umständlich geht? Bei einem Satzbau nach diesem Muster riskiert man, sich im Gestrüpp der eigenen Worte zu verlaufen und das Publikum zu verlieren. Tucholsky karikierte solche Sätze in den *Ratschlägen für einen schlechten Redner:*

> „Sprich mit langen, langen Sätzen – solchen, bei denen du, der du dich zu Hause, wo du ja die Ruhe, deren du so benötigst, deiner Kinder ungeachtet, vorbereitest, genau weißt, wie das Ende ist, die Nebensätze schön ineinandergeschachtelt, so dass der Hörer ungeduldig auf seinem Sitz

hin und her träumend, sich in einem Kolleg wähnend, in dem er früher
so gern geschlummert hat, auf das Ende solcher Perioden wartet ...
Du musst alles in die Nebensätze legen. Sag nie: ‚Die Steuern sind zu
hoch.' Das ist zu einfach. Sag: ‚Ich möchte zu dem, was ich soeben
gesagt habe, noch kurz bemerken, dass mir die Steuern bei weitem...'
So heißt das!" (1993 Bd. 8, 291)

So kann der zitierte Satz entwirrt und entschlackt werden:
1. „Einer derer, die" wird gestrichen. „Ich erinnere mich" auch. Der
   Satz ist schon ein wenig akzeptabler: Carl Schmitt, der über
   Politik so viel nachgedacht hat wie wenige sonst, hat mir einmal
   erklärt, wenn er noch einmal eine Vorlesung über das Staatsrecht und seine Geschichte zu halten hätte, würde er mit den
   Primaten beginnen.
2. Gestrichen wird „der über Politik so viel nachgedacht hat wie
   wenige sonst". Begründung: Wissen die Zuhörer, wer Schmitt
   war, wissen sie auch, dass er „viel über Politik nachgedacht hat".
   Kennen die Zuhörerinnen Schmitt nicht, nutzt dieser Hinweis
   nichts. – Wer Überflüssiges streicht, muss nicht befürchten,
   Wichtiges zu verdecken (siehe auch Seite 33).
3. Die Aussage von Schmitt wird als wörtliche Aussage formuliert.
   Begründung: Das erhöht die Authentizität und macht den Satz
   anschaulicher. – Das Ergebnis:

Carl Schmitt erklärte mir einmal: Ich würde bei den Primaten beginnen, sollte ich nochmals eine Vorlesung über das Staatsrecht
und seine Geschichte halten. (23 statt 43 Wörter)

Informationen Schritt für Schritt zu Papier bringen

Ein langer Satz kann verständlich sein, wenn er klar gegliedert ist.
Problematisch ist die Verdichtung von Informationen. Häufig wird
zu viel in einen Satz gepackt. Ein Beispiel:

Der Verkauf von Arzneimitteln im Internet soll nach einer Entscheidung
des Gesundheitsministers abweichend von den bisherigen Erklärungen
aus seinem Ministerium künftig gestattet werden, während bislang vorgesehen war, über das Internet lediglich den Verkauf von Medikamenten
zuzulassen, die nicht rezeptpflichtig sind.

Dieser Satz ist schwer mit angemessener Betonung zu sprechen. Und es ist schwierig, die Hauptaussage zu entdecken. Wer fürs Hören schreibt, sollte Informationen Schritt für Schritt zu Papier bringen. Das heißt für das zitierte Beispiel: aus einem langen Satz drei überschaubare Sätze machen:

> Der Verkauf von Arzneimitteln im Internet soll künftig erlaubt sein. Das hat der Gesundheitsminister entschieden. Ursprünglich wollte sein Ministerium nur den Verkauf von rezeptfreien Medikamenten gestatten.

Erhält jeder Gedanke einen eigenen Satz, werden die Aussagen verständlicher. Und man kommt mit weniger Worten aus: Der lange Satz mit den Informationshäufungen hat 40 Wörter. Die drei Sätze haben zusammen nur 26.

Argumente durch den Satzbau unterstützen

Unterstützen Sie Ihre Argumentation syntaktisch. Verstecken Sie die Hauptaussage nicht wie in folgendem Beispiel im Nebensatz:

> „Neue Steuerungsmodelle und Managementansätze sowie effizienzsteigernde Verwaltungsreformen sind Themen, mit denen sich die Hochschulen angesichts der knapper werdenden Finanzmittel und der wachsenden Zahl der Studierenden zunehmend beschäftigen."

Der Hauptsatz lautet: „Neue Steuerungsmodelle ... sind Themen". Was ist wirklich wichtig? Hochschulen beschäftigen sich mit neuen Steuerungsmodellen. Warum tun sie das? Weil sie unter Druck stehen.

Aussagen sind verständlicher und prägnanter, wenn sie durch den Satzbau gestützt werden. Der Ort für die Hauptaussage ist, wie der Name sagt, der Hauptsatz, an den sich die Begründung im Nebensatz anschließt:

> Hochschulen beschäftigen sich zunehmend mit neuen Steuerungsmodellen und Managementansätzen sowie effizienzsteigernden Verwaltungsreformen [Aussage], weil sie weniger Geld bekommen und die Zahl der Studierenden steigt [Begründung].

Besser sind zwei Sätze, die durch eine orientierende Frage verbunden werden:

Hochschulen beschäftigen sich zunehmend
* mit neuen Steuerungsmodellen,
* mit Managementansätzen und
* mit Reformen zur Effektivierung der Verwaltung. [Aussage]

Warum tun sie das? [Orientierung auf Begründung]
Aus zwei Gründen:
Erstens, weil sie weniger Geld bekommen, obwohl – zweitens – die Zahl der Studierenden steigt.

Die Wiederholung von *mit* und *weil* erleichtert es, die Aufzählung und Begründung deutlich hervorzuheben.

Übungsangebote finden Sie online.

Rückbezügliche Fürwörter vermeiden

„Wer seinen Hund liebt, muss nicht auch seine Flöhe lieben", sagte ein prominenter CDU-Politiker in einem *Zeit*-Interview. Wessen Flöhe? Wenn er die Flöhe des Hundes meinte, wäre korrekt gewesen: „Wer seinen Hund liebt, muss nicht auch *dessen* Flöhe lieben."

Nicht nur CDU-Politiker tun sich schwer mit *seine* und *dessen*, *dieser* und *jene*, mit Personal- und anderen Pronomen: „Erneut warb Özdemir für seine Gesetzespläne zu Werbeverboten für ungesundes Lebensmittel an die Adresse von Kindern, die in der Ampel-Koalition feststecken." Wer steckt fest? Die Kinder?

Fürwörter führen leicht zu Rätseln. Vorträge sollten informativ sein – nicht rätselhaft.

In der Schule haben Sie vielleicht gelernt: Wer Wörter wiederholt, hat einen „schlechten Stil". Das ist richtig, denn wir langweilen uns, wenn wir zum Beispiel dreimal hintereinander *machen* oder *schön* hören. Bei Verben und Adjektiven sollte man sich, wie es in der Schule hieß, um einen „Wechsel im Ausdruck" bemühen.

Die Empfehlung aus dem Deutschunterricht gilt für Substantive und Personen nur eingeschränkt. Im Johannesevangelium heißt es: „Im Anfang war das Wort, und das Wort war bei Gott, und Gott war das Wort." Dreimal *Wort* und zweimal *Gott* in einem Satz. Deutschlehrer*innen würden den Rotstift zücken. Doch dieser Satz ist verständlich und eindringlich. Das lässt sich über die folgende „Übersetzung" nicht sagen: „Am Anfang war das Wort. Es befand sich bei Gott, und letzterer war identisch mit ersterem."

Letzterer und *ersterem* machen Sätze holprig und häufig schwer verständlich: Es muss gerätselt werden, für wen oder was ein Pronomen steht. Deshalb: Wer seinen Hund liebt, muss nicht auch die Flöhe seines Hundes lieben."

Die Zuhörenden nicht mit Abkürzungen ärgern

Sind Fachbegriffe wahre Zungenbrecher und Organisationsnamen sehr lang – zum Beispiel Aufmerksamkeits-Defizit-Hyperaktivitäts-Störung oder Übereinkommen der Vereinten Nationen zur Bekämpfung der Wüstenbildung in den von Dürre und/oder Wüstenbildung schwer betroffenen Ländern, insbesondere in Afrika –, wird niemand etwas gegen ADHS oder UNCCD einwenden. Kommen in einem Vortrag allerdings viele Abkürzungen vor, die für die Zuhörer*innen neu sind, wird es schwerer, zu folgen. Deshalb: Verwenden Sie Abkürzungen sparsam.

Mit Zahlen und Statistiken zurückhaltend sein

Wer Zahlenhäufungen vermeidet und Zahlen veranschaulicht (siehe Seite 51), ist auf der sicheren Seite.

Zahlen sind nicht immer selbstredend. Ist eine Inflationsrate von drei Prozent hoch oder niedrig? Ist ein Wirtschaftswachstum von zwei Prozent ausreichend? Das wollen die Zuhörer*innen wissen. Bewerten Sie deshalb Zahlen: „Ein Wachstum von einem Prozent ist angesichts der aktuellen Weltkonjunktur ein großer Erfolg."

Verzichten Sie auf Komma-Angaben, runden Sie auf oder ab: „1289 Studierende beteiligten sich an der Befragung. Das sind mit knapp 24 Prozent" (statt 23,89) mehr als bei der letzten Untersuchung."

Will Ihr Publikum es wirklich ganz genau wissen, nennen Sie zunächst eine runde Zahl: „Das ist ein Plus von fast siebzehn Prozent – um genau zu sein, von 16,87 Prozent."

Kurz und gut

*Rede*texte entstehen, wenn Sie Informationen Schritt für Schritt zu Papier bringen, wenn jede Information, jeder Gedanke einen eigenen Satz erhält. Zurückhaltung bei Abkürzungen und Pronomen, Zahlen und Statistiken ist eine Redetugend.

9 Wie probe ich am effektivsten?

Nur wer probt, ist ausreichend auf ihren Vortrag oder sein Referat vorbereitet.
Proben ist Voraussetzung, um gezielt an einem Referat feilen zu können. Und es dient dazu, sich mit dem Manuskript vertraut zu machen. Sprechen Sie Ihren Vortrag viermal laut – und Ihr Auftritt wird klappen.

Ist Ihr Referat ausgearbeitet, geht die Vorbereitung auf Ihren Auftritt weiter: Es folgt das Proben. Nicht zuletzt, um sich Situationen wie diese zu ersparen:

> „With five minutes left in the session, the speaker suddenly looks at his/her watch. S/he announces — in apparent surprise — that s/he'll have to omit the most important points because time is running out. S/he shuffles papers, becoming flustered and confused. ... S/he drones on. Fifteen minutes after the scheduled end of the talk, the host reminds the speaker to finish for the third time. The speaker trails off inconclusively and asks for questions." (Edwards 2014).

Rehearsal ist das englische Wort für die Probe im Theater. Streichen Sie die letzten drei Buchstaben, und Sie haben eine Probeanleitung. *Rehear:* Sprechen Sie den Vortrag viermal laut – und er „sitzt".

Die Sprechprobe ist Voraussetzung, um gezielt am Vortrag feilen zu können. Und sie dient dazu, sich mit dem Manuskript vertraut zu machen: Pausen zu „sehen", Anschlüsse mühelos zu „finden".

Sprechen Sie sich den Vortrag viermal laut vor, entstehen im Kopf Klangbilder: Für viele Formulierungen brauchen Sie nicht ins Manuskript zu schauen, über bestimmte Übergänge müssen Sie nicht mehr nachdenken, sie entstehen „wie von selbst".

Rehear ermöglicht Ihnen zu prüfen:

- Halte ich die vorgegebene Zeit ein? Wer das nicht tut, macht sich unbeliebt. Und es stresst enorm, wenn man wiederholt aufgefordert wird, zum Ende zu kommen, aber noch mitten im Vortrag steckt.
- Verunglücken mir an bestimmten Stellen Formulierungen? Klingen manche Sätze geschraubt?
- Vermeide ich Fachjargon und andere Verständnisblocker?
- Kann ich Beispiele, den Anfang und das Ende frei sprechen?
- Stimmen die Übergänge? Sind sie verständlich?

Wer nicht probt, ist unzureichend vorbereitet. Geschliffene Vorträge sind wohltuend, weil das Geräusch des Schleifens bereits verklungen ist.

Wenn es nicht das vertraute Seminar ist, in dem Sie Ihr nächstes Referat halten, gehört zur Vorbereitung die Klärung folgender Fragen: Wo genau werden Sie wann erwartet? Und mit wie vielen Zuhörer*innen ist zu rechnen?

Schließen Sie angenehme Überraschungen nicht aus: Legen Sie bei der Zahl der Kopien Ihres Handouts zehn Prozent zu.

Ich drehe das akademische Viertel um: Ich bin fünfzehn Minuten vor Beginn am Vortragsort, um in aller Ruhe Notebook und Beamer zu starten. Und zu prüfen: muss gelüftet werden, sind genügend Flipchart-Blätter und Stifte vorhanden, funktioniert das Mikrofon? Und ich habe Adapter dabei, um sicherzustellen, dass ich meinen Laptop auch an ältere Beamer-Modelle anschließen kann.

Zudem kann es notwendig sein, sich mit dem Smartboard und der Beleuchtung vertraut zu machen oder das Flipchart umzustellen.

Sie sollten in jedem Falle in aller Ruhe Ihre Unterlagen zurechtlegen können und nicht vor Publikum durch Ihre Dateiordner klicken oder die Handoutkopien sortieren.

Kurz und gut

Proben. Proben. Proben.

10 Was kann ich gegen Lampenfieber tun?

Die gute Nachricht: Lampenfieber lässt sich überwinden.
Mit Übung und Erfahrung. Mit guter Vorbereitung. Mit einem realistischen Blick auf die Anforderungen an ein Referat oder Vortrag. Und mit ein wenig Erfolgszuversicht. Zudem hilft es, sich Stress-Symptome zu gestatten.

Wer sich mit Lampenfieber herumschlägt, ist in guter Gesellschaft: Lampenfieber erschwerte John Lennon und Frédéric Chopin das Leben. Meryl Streep ist vor Auftritten nervös. Lampenfieber plagt viele Künstlerinnen und Künstler.

Vor anderen reden, einen Vortrag halten, präsentieren – für viele eine belastende Situation. Student A wird nervös, soll er vor mehr als einem Dutzend Zuhörerinnen und Zuhörern reden. Für Doktorandin B sind 30 Personen die kritische Größe. „Das menschliche Gehirn ist", meinte Mark Twain, „eine großartige Sache. Es funktioniert vom Augenblick der Geburt bis zu dem Zeitpunkt, wo Du aufstehst, um eine Rede zu halten."

Lampenfieber ist ein körperliches Signal: Achtung, wichtig! Von einem Vortrag oder einer Präsentation kann viel abhängen. Insofern ist Lampenfieber funktional. Aber unangenehm. Was lässt sich dagegen unternehmen?

Vor allem auf folgende Einsichten und Haltungen kommt es im Umgang mit Lampenfieber vor allem an:
- Sich Lampenfieber gestatten, wenn man ins *Rampenlicht* tritt (das im Theater früher *die Lampen* hieß. Man brachte Schillers *Räuber* vor *die Lampen*).
- Eine rationale Bewertung bisheriger Erfahrungen mit Vorträgen und Präsentationen.
- Eine nüchterne Bewertung der Anforderungen an ein Referat oder eine Rede.
- Stress-Symptome zulassen.

Sich Lampenfieber gestatten

Aufregung, Anspannung, Nervosität sind eine normale Stressreaktion, wenn Erfahrung und Routine mit Präsentationen, mit Reden vor dem Mikrofon, mit Diskussionen und Moderationen fehlen. Das ist nicht angenehm. Doch man kann durch Übung und aus Erfahrung lernen.

Stehen Sie zum ersten Mal auf einem Surfbrett oder hängen Sie nach einigen Übungsstunden im Felsen, sind Sie aufgeregt, nervös, angespannt oder unsicher. Sie wollen Surfen oder Klettern lernen. Sie nehmen die Aufregung, Nervosität, Anspannung oder Unsicherheit auf sich, weil Sie zuversichtlich sind, dass Sie die Anforderungen meistern. Und Sie nehmen die Freude vorweg, *richtig* surfen oder klettern zu können. Erfolgszuversicht und Vorfreude lassen Sie Risiken eingehen.

Sie haben Englisch und Französisch oder Latein gelernt, Radfahren und vielleicht Tango und Kochen. Übung und Erfahrung führten dazu, dass Sie gut englisch sprechen, elegant tanzen und lecker kochen.

Referate und Vorträge halten, präsentieren und diskutieren muss auch gelernt werden. Gedanken, Ideen und Argumente in eine für Zuhörerinnen und Zuhörer verständliche und interessante Form zu bringen, muss geübt werden. Diese Fähigkeit ist kein Nebenprodukt der Auseinandersetzung mit Jura, Volkswirtschaft, Biologie oder einem anderen Studienfach.

Je öfter Sie sich der Situation aussetzen, die Ihnen Unbehagen bereitet, desto eher lernen Sie mit ihr umzugehen – Übung macht den Meister und die Meisterin. Doch muss es gleich der *Meister* oder die *Meisterin* sein? Erwarten Studierende im Seminar oder die Teilnehmerinnen einer Konferenz rhetorische Glanzleistungen, achten sie nur darauf, ob die Studentin *es packt,* wie der Doktorand *auftritt?*

Nein.

Die Situation realistisch bewerten

Im Silicon Valley kokettieren viele damit, dass sie ihr Studium abgebrochen haben. Manche Sozialwissenschaftlerinnen und Geisteswissenschaftler betonen gerne, von Mathematik überhaupt keine *Ahnung* zu haben. Je weiter die eigene Disziplin von der Mathematik entfernt ist, desto größer ist die Wahrscheinlichkeit, dass sie bekennen, von Mathematik überhaupt keine Ahnung zu haben.

Mir ist es nicht peinlich, dass ich nicht gut kochen kann. Eine ganze Reihe meiner Bekannten würde gerne Klavier oder Saxofon spielen können. Es schmälert nicht ihr Selbstwertgefühl, dass sie es nicht können. Die eine oder der andere war noch nie in Sozialen Netzwerken unterwegs. Und kokettiert mit dieser Erfahrungslücke.

Kurz: Mathematische, kulinarische, musikalische und Medien-Kompetenzen sind in diesen Beispielen nicht wichtig für das eigene Selbstwertgefühl.

Das ist beim Reden vor (großem) Publikum für viele anders. Das Selbstwertgefühl wird an Perfektion geknüpft: *Ich darf nicht rot werden. Ich muss sicher wirken. Mir darf kein Satz verunglücken. Ich muss meine Rede ohne Versprecher bestreiten.*

Das sind hausgemachte Vorschriften. Sie müssen kein*e Perfektionist*in sein. Je höher Sie die Erwartungen an sich selbst schrauben, desto schwerer machen Sie sich Ihre Auftritte.

Was wird erwartet?

- Eine verständliche Präsentation – kein rhetorisches Feuerwerk,
- eine strukturierte Rede – kein perfekter Auftritt,
- Sachkenntnis – keine Perfektion,
- originelle Gedanken – keine Show,
- eine klare Meinung – kein Glanzstart.

Sie müssen die Zuhörer*innen nicht, wie in vielen Rhetorik-Ratgebern gefordert wird, in Ihren Bann ziehen, sondern verständlich und anschaulich informieren (statt zu langweilen).

Folgen Sie dem Motto, *ich bin nur dann gut, wenn das Publikum mich gut findet*, erhalten andere enorme Macht über Ihr Selbstwertgefühl: Richten Sie Ihre gesamte Energie darauf, einen guten Eindruck zu machen, geht Energie für die Aufbereitung Ihres Themas verloren. Um es mit einem chinesischen Philosophen zu sagen: „Sorge dich um den Beifall der Leute, und du wirst ihr Gefangener sein" (Laotse). Worin besteht die Alternative zur Konzentration aufs Gut-Dastehen? In vier Punkten:

1. Konzentrieren Sie sich *auf die Aufgabe*, einen Sachverhalt oder ein Anliegen für die Zuhörerinnen interessant aufzubereiten. Fragen Sie: *Wie erreiche ich meine Zuhörer?* Statt: Wie mache ich einen guten Eindruck?
2. *Bereiten Sie sich gut vor. Das* hilft enorm.
3. Der *positive Blick:* Steckt in dem, was *Fieber* auslöst, auch Erfreuliches? Spricht man zum Beispiel über etwas Interessantes, hat man zum ersten Mal die Möglichkeit, vor einem großen oder wichtigen Publikum zu sprechen? Wurde man freundlich und mit wohlwollendem Applaus begrüßt? Blickt man in erwartungsfrohe Gesichter?
4. Die Einsicht, dass die Zuhörer*innen keine Raubtiere sind, die Sie zerfleischen – unblutiger: kritisieren – wollen. Es hilft, vom *Freundbild* Publikum auszugehen.

Erfolgszuversicht

Wenn ich einen Vortrag halte, geht das schief. Wenn es schiefgeht, kann ich mit den Konsequenzen nicht umgehen. Mit solchen und ähnlichen Gedanken machen sich viele Studentinnen und Studenten das Leben schwer.

Eine rationale Betrachtung der Anforderungen, die mit einer Präsentation oder einem Vortrag verbunden sind, und ein selbstbewusster Blick auf die bisherigen Erfahrungen mit Herausforderungen werden zu folgendem Ergebnis führen: Ich war schon häufiger aufgeregt, habe aber noch keine Katastrophe erlebt. Bereite ich mich sorgfältig vor, geht mein Auftritt *nicht* schief. Und die Welt geht *nicht* unter, verunglücken mir zwei oder drei Sätze, bleibe ich an einer Stelle hängen oder werde ich am Anfang rot. Mit diesen Schwächen kann ich umgehen.

Gelingt diese selbstbewusste Betrachtung von Anforderungen und Erfahrungen, ist ein großer Schritt auf dem Weg zum selbstsicheren Auftreten gemacht.

Stress-Symptome zulassen

Stellen sich vor einer Rede oder Präsentation Stress-Symptome ein, verlangen Sie *in der Situation* nicht zu viel von sich; verlangen Sie nicht, dass Sie sich wohlfühlen. Dieser Zustand lässt sich nicht herbeizaubern. Er ist Ergebnis von Übung und Erfahrung.

Konzentrieren Sie Ihre Energie auf Ihre Präsentation. Und machen Sie sich bewusst: Das Publikum kann nicht in Ihr Innenleben schauen. Die Zuhörerinnen sehen nicht, dass Ihr Blutdruck steigt oder Ihr Herz höherschlägt. Die Zuhörer hören auch in den meisten Fällen nicht Ihre Stimme *zittern* (wir hören uns anders reden – mit dem *Innenohr* – als die anderen, die unsere Stimme mit dem *Außenohr* aufnehmen). Und niemand hält einen Versprecher oder einen verunglückten Satz für eine Katastrophe oder eine Zumutung.

Rhetorische Glanzleistungen sind rar. Die meisten Zuhörer*innen sind deshalb zufrieden, wenn eine Rede verständlich ist und zum Nachdenken anregt. Wird dann noch gekonnt visualisiert statt mit *PowerPoint* traktiert, ist das mehr, als gewöhnlich geboten wird.

Sie müssen auch nicht über die warme (und für Männer: tiefe) Idealstimme verfügen. Es genügt, verständlich, nicht zu schnell und nicht zu leise zu sprechen, die Sprechgeschwindigkeit und die Lautstärke zu variieren (siehe Seite 83).

Kurz und gut

Konzentrieren Sie sich darauf, Ihr Thema für die Zuhörer*innen interessant aufzubereiten. Darauf kommt es an. Und darauf zu proben. Gehen Sie vom *Freundbild* Publikum aus.

11 Worauf kommt es bei der Körpersprache an?

Nehmen Sie wichtig, was Sie sagen. Das ist eine entscheidende Voraussetzung für eine souveräne Körpersprache.

Wer etwas zu sagen hat, sollte das Wort unterstützen durch Blickkontakt, sparsame Gestik sowie eine aufrechte Körperhaltung und durch eine angemessene Lautstärke sowie ein wechselndes Sprechtempo.

Es gibt unzählige Bücher über die Bedeutung nonverbaler Kommunikation. In vielen steht viel Unsinn. Nur ein Beispiel:

> „Wir nehmen innerhalb von Sekundenbruchteilen die Körpersprache einer Person wahr, bevor diese überhaupt angefangen hat, zu sprechen. Das hängt mit unserem Stammhirn, dem sogenannten Reptilienhirn, zusammen. Wie unsere weit entfernten Vorfahren, die Urmenschen, scannen wir nach wie vor unbewusst und kontinuierlich die Umwelt nach Gefahren ab, nach potenziellen, besonders aufmerksamkeitsträchtigen Einflüssen um uns." (Held 2019).

Seit über fünfzig Jahren hält sich die Mär, der Inhalt des gesprochenen Wortes mache nur sieben Prozent der Wirkung eines Vortrags aus (zum Beispiel: Krieger 2022, 48). Die restlichen 93 Prozent verteilten sich auf die Körpersprache (55 Prozent) und die Stimme (38 Prozent). – Abstruse Verallgemeinerungen einer Veröffentlichung von Mehrabian aus dem Jahr 1971, die das Drauflosplappern anstelle klarer Gedanken und Worte legitimieren.

Wenn Sie jemanden nach dem Weg fragen, interessiert Sie dann die Wegbeschreibung fast überhaupt nicht? Achten Sie vor allem auf die Körpersprache? Wenn Ihr Arzt seine Diagnose erläutert, hören Sie dann vor auf den Klang seiner Stimme und das Sprechtempo? Wohl kaum: *Es kommt auf den Inhalt an.*

Körpersprache: Interpretation und Training

Körpersprache signalisiert keineswegs immer eindeutig das, was ein Mensch denkt oder fühlt – auch wenn das in der Alltagspsychologie hartnäckig behauptet wird. Wir können bluffen, uns verstellen. Zudem sind Gestik und Mimik, Lautstärke und Tonfall kultur- und geschlechtsspezifisch geprägt.

Seien Sie deshalb zurückhaltend bei der Interpretation von Gestik und Mimik. Im eigenen Interesse. Ein Beispiel: Während Ihres Referats gewinnen Sie den Eindruck, die Studentin, die Ihnen gegenübersitzt, würde unter Ihren Ausführungen leiden. Tatsächlich, so erfahren Sie später zufällig, quälten sie Kopfschmerzen. Trotzdem kam sie zu Ihrem Referat!

Körpersprache ist geschlechtsspezifisch geprägt. Es gibt gelernte weibliche und männliche Muster zu sitzen, zu stehen, zu gehen und zu sprechen.

Männer sprechen lauter als Frauen. Frauen signalisieren in Gesprächen viel häufiger als Männer Zuwendung – durch Blickkontakt, ein Lächeln oder Kopfnicken.

Frauen laufen noch immer Gefahr, in eine Bewertungsfalle zu geraten: Nickt eine Frau zum Beispiel freundlich, kann das als Zustimmung interpretiert werden – statt als Ausdruck von Aufmerksamkeit. Spricht eine Frau in der Lautstärke eines Mannes, kann das als *unweiblich* oder *zickig* ausgelegt werden.

Wenn Sie Männer im Publikum anschauen, können Sie den Eindruck gewinnen, skeptische, reservierte oder gelangweilte Minen oder Körperhaltungen zu sehen. Das ist bei vielen Männern eine Geschlechtsrollen-Haltung, die sich in dem Maße verfestigt, in dem Männer Karriere machen. Lassen Sie sich davon nicht irritieren: Der skeptische Gesichtsausdruck oder die gelangweilte Haltung bedeutet bei Männern nicht notwendig, Skepsis oder Langweile, sondern ist einfach nur eine Männer-Haltung.[10]

---

10 Zudem existieren kulturelle Unterschiede: In den westlichen Ländern wird zum Beispiel direkter Blickkontakt positiv bewertet, in asiatischen dagegen als unhöflich empfunden. In der Türkei hält man den Blick eher gesenkt, um dem Gegenüber Respekt zu zollen.
Südeuropäer beanspruchen einen kleineren persönlichen Raum als Nordeuropäer und Nordamerikanerinnen: Und die Spanierin und der Spanier gestikulieren erheblich lebhafter als der Finne oder die Dänin.

Schließlich: Sie haben sicher schon die Erfahrung gemacht, dass der erste Eindruck täuschen kann. Oder Sie haben erlebt, dass der *Halo-Effekt*, ein Merkmal überstrahlt alle anderen Merkmale und bestimmt wesentlich den (ersten) Gesamteindruck von einer Person, zu Fehleinschätzungen führt.

Gleichwohl: Man muss damit umgehen, dass gängige Interpretationen nonverbaler Kommunikation existieren. Nonverbales Verhalten beeinflusst den Eindruck, den man sich von der oder dem Vortragenden macht: Zuckt zum Beispiel A während eines Vortrags oft mit der Schulter oder hält B den Kopf schräg, wird das gewöhnlich als Unsicherheit interpretiert.

Mit ein wenig Training lassen sich diese und ähnliche Verhaltensmuster abstellen.

Körpersprache: 7 Empfehlungen

Komplizierter ist das Trainieren von Körpersprache. Der Grund: Es geht nicht in erster Linie um Können, sondern um *Trauen* und *Selbstvertrauen*: Wenn Sie sich gestatten, ihre Worte mit Gesten zu unterstreichen, die Lautstärke zu variieren, sich Raum zu nehmen, dann brauchen Sie kein Körpersprache-Training, dann stellen sich Gestik und die richtige Lautstärke meist von alleine ein. Dieses Trauen ist an zwei Voraussetzungen geknüpft: Sie nehmen ernst und wichtig, was Sie sagen. Und Sie setzen nicht darauf, gut *anzukommen*, sondern konzentrieren sich darauf, *inhaltlich* etwas zu bieten. – 7 Empfehlungen:

Blickkontakt

Halten Sie Blickkontakt. Schauen Sie nicht an die Decke oder über die Köpfe der Zuhörenden hinweg: Sie riskieren, den Eindruck zu erwecken, Sie seien überheblich, weil Sie die Zuhörer keines Blicks würdigen oder unsicher, weil Sie den Zuhörerinnen nicht in die Augen schauen können.

Es ist hilfreich, zu Beginn eines Referats Blickkontakt zu freundlichen Menschen zu suchen: Es gibt immer Zuhörerinnen, die Sie freundlich anschauen oder zustimmend nicken.

Schauen Sie die Zuhörer einzeln an. Aber fixieren Sie niemanden, sonst fühlt sich die oder der Angeschaute unwohl.

Wenn Sie zitieren: Zitate müssen nicht frei vorgetragen werden. Kündigen Sie das Zitat mit Blickkontakt zum Publikum an. Tragen Sie das Zitat langsam vor. Und weisen Sie mit Blickkontakt auf das Ende des Zitats hin.

Gestik

Viele bewegen bei ihren Vorträgen nur ihren Mund und vergeben so die Chance, den Inhalt ihres Vortrags nonverbal zu verstärken.

Unterstreichen Sie, was Sie sagen, *sparsam* mit den Händen. Studieren Sie jedoch keine Gesten ein. „Suche keine Effekte zu erzielen, die nicht in deinem Wesen liegen." (Tucholsky 1993 Bd. 8, 292). Das geht in der Regel schief. Das Publikum spürt, wenn Gestik nicht echt ist.

Wohin mit Armen und Händen? Auf den Tisch, wenn Sie sitzen. Wenn Sie stehen: Winkeln Sie einen Arm an und lassen Sie den anderen locker herunterhängen. Nach einiger Zeit beginnen Sie automatisch, Ihre Rede mit Gesten zu unterstreichen. Wenn Sie in der Hand des angewinkelten Arms eine Redevorlage halten, wird der andere Arm diese Funktion übernehmen.

Stehen Sie hinter einem Pult, kann es schwieriger werden. Oft sind Redepulte so hoch, dass gerade noch der Oberkörper zu sehen ist. Verzichten Sie auf Gestik, wenn Sie dafür die Arme sehr weit nach oben nehmen müssten. Ist das Pult nicht zu hoch, empfehle ich die gleiche Armhaltung wie beim freien Stehen. In jedem Falle sollten Sie nicht zu nahe am Pult stehen.

Schließlich: Vermeiden Sie, Haarsträhnen zu drehen, sich durch die Haare oder über das Gesicht zu fahren, den Kopf in die Hand zu stützen.

Körperhaltung

Wenn Sie sitzen: Rutschen Sie mit dem Hintern bis an die Rücken-lehne und lehnen Sie sich an. Stellen Sie beide Füße auf den Boden. Wenn Sie klein sind, rutschen Sie so weit nach vorn, dass Sie Ihre Füße fest auf den Boden stellen können. Rücken Sie den Stuhl so nahe an den Tisch ran, dass Sie die Unterarme auf den Tisch legen und Ihre Ausführungen problemlos mit Gesten unterstreichen kön-nen. Bleiben die Hände unter dem Tisch, sinken Ihre Schultern nach vorne. Die Folge: Sie machen sich kleiner und sitzen nicht mehr gerade.

Stehen: Machen Sie nicht Schillers *Glocke* („Festgemauert in der Erde") und nicht den Tiger, der ständig am Gitter hin und her streift. Das schafft Unruhe. John Wayne (breitbeinig, das Becken nach vorne gekippt) ist ein Männerideal des letzten Jahrhunderts. Die Haltung, die Frauen-Statuen des vorletzten Jahrtausends auszeichnet (die Arme dicht beim Körper, die Hüfte verdreht, ein Fuß schräg hinter dem anderen) ist unbequem und wirkt wenig selbstbewusst.

Die Alternative: Stehen Sie mit beiden Beinen fest auf dem Boden, das Körpergewicht gleichmäßig verteilt. Nehmen Sie die Schultern nach hinten, ziehen Sie die Schultern nicht hoch, halten Sie den Rücken gerade und den Kopf erhoben.

Seien Sie zu Beginn eines Vortrags standfest: Bewegen Sie sich in den ersten zwei Minuten nicht, um den Eindruck von Unruhe zu vermeiden. Bewegen Sie sich – moderat – erst dann, wenn sich Ihr Publikum auf Sie eingestellt hat.

Stehen Sie hinter einem Redepult, halten Sie sich nicht daran fest. Beugen Sie sich nicht über das Pult und schlagen Sie nicht das Pult. Schläge sind keine angemessene Form, um eine These zu unterstreichen.

Mimik

Lächeln Sie, wenn Sie während einer Rede mit sich und der Situation zufrieden sind. Lachen Sie, wenn Sie einen Witz erzielen (aber nicht vor der Pointe). Berichten Sie über ein lustiges Thema: Bringen Sie Heiterkeit zum Ausdruck. Lächeln Sie nicht, wenn Ihnen nicht danach zumute ist. Es kommt nur ein Verlegenheitslächeln dabei heraus. Sie schmälern damit die Wirkung Ihrer Aussage.

Lautstärke

Das erste Sprechgebot lautet: Die Lautstärke muss der Raumgröße angemessen sein.

An unserer Stimm*lage* lässt sich nur wenig ändern. An unserer *Lautstärke* können wir arbeiten: üben, lauter zu reden. Zu leises Sprechen ist ebenso unangemessen wie zu lautes. „Mit einer sehr

lauten Stimme im Hals" ist man „außerstande, feine Sachen zu
denken" (Friedrich Wilhelm Nietzsche).

Der Wechsel von einer angemessenen Lautstärke zum leiseren
Sprechen kann eindringlich wirken und die Aufmerksamkeit des
Publikums erhöhen. Lauter werden ist kein Mittel gegen Unruhe
im Raum; eine kurze Pause ist wirksamer.

Eine Dialektfärbung wirkt meist sympathisch. Sie stört nur dann,
wenn die Verständlichkeit beeinträchtigt wird. Allerdings spielen
noch andere Bewertungskriterien eine Rolle: Hochdeutsch wird
vielfach mit Bildung verbunden.[11]

Sprechtempo

Angenehm für die Zuhörenden ist ein Wechsel im Sprechtempo.
Ein gleichmäßig schnelles Tempo nervt die Hörerinnen und Hörer,
ein kontinuierlich ruhiges Tempo ermüdet sie. Tragen Sie die ent-
scheidenden Passagen mit Nachdruck vor: mit Betonung und Pausen. Legen Sie bei Beispielen und leicht verständlichen Sachverhalten im Tempo etwas zu.

Pausen

Selten wird zu langsam gesprochen. Häufig ist das Sprechtempo
zu hoch. Das strengt die Zuhörerinnen an. Die Redner auch: Nach
einiger Zeit stellt sich Atemnot ein.

Deshalb nicht *ohne Punkt und Komma* reden. Pausen sind
- ein rhetorisches Mittel: Lassen Sie wichtige Aussagen und Fragen wirken, indem Sie eine kurze Pause anschließen,
- ein Gliederungsmittel: Signalisieren Sie nach jedem Hauptgedanken durch eine Pause, dass eine neue Überlegung folgt,
- eine Wohltat für Sie und die Zuhörer*innen, denn sie geben
  Gelegenheit, Luft zu holen und nachzudenken,
- wichtig, um sich zu sammeln und bei Aufregung ruhiger zu
  werden.

---

11 Bei Adorno (1973, 42) finden Sie interessante Anmerkungen zum Dialekt.

Kurz und gut

Körpersprache ist in erster Linie eine Frage des Selbstvertrauens: Gestatten Sie sich, Ihre Ausführungen mit Gesten und Ihrer Stimme zu unterstützen. Eine ruhige, aufrechte Haltung und Blickkontakt sorgen dafür, dass Ihnen zugehört und nicht über Ihre Befindlichkeit spekuliert wird.

12 Wie meistere ich kleine Pannen?

Meinen Sie es gut mit sich – gestatten Sie sich kleine Missgeschicke.
Gelingt Ihnen diese Haltung, sind Versprecher und der verunglückte Satz, das Rotwerden und das fehlende Wort kein Problem, sondern Referats- und Vortragsalltag, der sich ohne große Mühe bewältigen lässt.

Zwischen Anfang und Ende eines Referats können kleine Pannen passieren: Ihnen fällt das passende Wort nicht ein. Oder Sie versprechen sich. Zum Beispiel.

Für Perfektionist*innen ist das ein Problem. Wer frei von diesem Laster ist, erlebt solche kleinen Pannen als Unannehmlichkeiten. Und die können uns täglich passieren. Deshalb: Erlauben Sie sich die kleinen Pannen, um die es im Folgenden geht. Die Frage lautet: *Was tun, wenn Sie ...*

... mit einem Satz nicht zurechtkommen?

Es ist kein Drama, einen Satz mit kleinen Verstößen gegen die Grammatik zu beenden. Niemand spricht fehlerfrei.

Sprechen Sie weiter, sofern problemlos zu verstehen ist, was Sie meinen. Sie können auch (ohne Entschuldigung) das entsprechende Wort verbessern.

- „Ich möchte es besser formulieren."
- „Präziser ausgedrückt ..."
- „Genauer gesagt ..."

Der Bluff wird durchschaut, wenn Sie solche Formulierungen häufig verwenden. Beugen Sie vor: Formulieren Sie kurze Sätze.

… sich versprechen?

Gehen Sie über kleine Versprecher hinweg, die den Sinn der Aussage nicht entstellen. Niemand ist perfekt. Wird der Sinn entstellt, korrigieren Sie sich ohne Entschuldigung: „Ich meine natürlich nicht Emissionswandel, sondern Emissionshandel."

Mit der Größe des Wortschatzes nimmt die Wahrscheinlichkeit zu, sich zu versprechen. Betrachten Sie deshalb einen klassischen Versprecher – *im Fischen trüben* oder: *Reden ist Schweigen, Silber ist Gold* – als Kompliment. Passiert Ihnen das *endliche Amtsergebnis*, merkt es niemand. Oder Sie sorgen für einen Moment der Heiterkeit, wenn Sie meinen, man solle den *Sack aus der Katze lassen*. Das ist erfreulich und kein Anlass, sich hektisch zu korrigieren.

… nicht das treffende Wort finden?

Das kommt vor. Setzen Sie mit einer Umschreibung oder einem anderen treffenden Wort Ihre Rede fort. Gelingt das nicht, sagen Sie: „Mir fehlt das treffende Wort." Sie werden Hilfe von den Zuhörenden bekommen – und haben aus der „Not" eine Dialogsituation gemacht.

Sie können es auch eleganter sagen: „Wie kann ich es treffend formulieren?" – und sich so eine Denkpause verschaffen.

… rot werden?

Akzeptieren Sie es. Wenn Sie das Rotwerden nicht so wichtig zu nehmen, verringert sich das Problem mit der Zeit deutlich. Zudem täuscht der eigene Eindruck meist: Man meint, der Kopf würde glühen, während die Zuhörer*innen allenfalls ein leichtes Erröten wahrnehmen.

… den roten Faden verlieren?

Das ist keine Katastrophe. Ist der Faden gerissen, entsteht eine kleine Pause. Können Sie Ihren Gedankengang tatsächlich nicht fortsetzen, sagen Sie es: „Ich habe den roten Faden verloren. Ich formuliere meine Überlegung noch einmal neu."

… etwas vergessen haben

Die Zuhörer*innen wissen nicht, was Sie alles sagen wollten. Ihnen fällt daher auch nicht auf, dass Sie etwas weggelassen haben. Wenn Sie ein zentrales Argument, eine wichtige Passage übersprungen haben, tragen Sie diesen Punkt bei passender Gelegenheit – allerdings nicht in der Zusammenfassung – nach:

- „Ein wichtiger Gesichtspunkt fehlt noch ...“
- „In diesem Zusammenhang ist zu ergänzen ...“
- „Dabei ist allerdings zu berücksichtigen, und das habe ich bisher noch nicht getan, dass ...“

Und wenn ...?

Es sind noch mehr Pannen denkbar. Oder Zumutungen: Während Ihres Vortrags klingelt ein Handy.

Konzentrieren Sie sich nicht auf das, was schiefgehen könnte, sondern darauf, *was* Sie sagen möchten und *wie* Sie es sagen wollen.

Und wenn ein Handy klingt? Sagen Sie: „Ich warte gerne.“ Ihre Zuhörer*innen werden schmunzeln und viele stellen umgehend ihr Smartphone auf lautlos.

Kurz und gut

Sie müssen nicht perfekt sein. Gestatten Sie sich kleine Pannen. Niemand erwartet, dass Sie Ihr Referat ohne Versprecher bestreiten, dass Ihnen kein Satz verunglücken darf.

13 Wie kann ich mit einem Handout punkten?

Ein gelungenes Handout lässt Sie in guter Erinnerung bleiben.
In einem gelungenen Handout sind ausschließlich wichtige Informationen zusammengefasst. Wer alle Folien einer Präsentation kopiert, signalisiert: Ich habe mir keine Mühe gegeben, ein nützliches Handout zu erstellen.
Zu Beginn eines Vortrags sollten Sie darüber informieren, ob und wann Sie ein Handout verteilen.

Ein unprofessionelles Handout schmälert die Wirkung eines runden Referats. Niemand mag Kopien sämtlicher Folien, die gezeigt wurden – und schon gar nicht peinliche *Guten-Tag-* und *Ich-danke-Ihnen-für-Ihre-Aufmerksamkeit*-Folien.
Es ist eine Unsitte, Kopien aller Folien zu verteilen. Solche Handouts werden nicht als Ausdruck von Wertschätzung wahrgenommen, sondern als Zumutung. Oder als Indiz dafür, dass die Referentin keine Zeit, dass der Referent keine Lust hatte, ein professionelles Handout zu erstellen.
Ihr Handout ist eine Visitenkarte. Auf *repräsentativen* Visitenkarten steht kein Schnickschnack. Ein professionelles Handout enthält brauchbare *Informationen*. Gewünscht werden Unterlagen mit den relevanten Zahlen, Daten und Links oder Literaturhinweisen.
Ihre Zuhörer*innen wissen, dass die Welt komplex ist. Dafür ist kein Handout notwendig. Wohl aber für die Zahlen und Fakten, die Ihre These von der zunehmenden Komplexität der Welt belegen.
Ein Handout sollte
- alle notwendigen Angaben enthalten (wer spricht worüber, wann, in welchem Zusammenhang),
- kurz, knapp und übersichtlich sein,
- dem Aufbau der Präsentation folgen.

Erstellen Sie mit PowerPoint „Handzettel", sollten Sie die Druck-Optionen „Reines Schwarz-weiß" und „Folien Rahmen" wählen und für den Ausdruck auf einen farbigen Folien-Hintergrund verzichten.

Papier verschwendet, wer Folien 1:1 ausdruckt. Drei Folien auf einer Seite sind eine gute Wahl.

Ich bemühe mich, am Anfang eines umfangreicheren Handouts einen Überblick über die Themen und die Struktur meines Vortrags zu geben. Abbildung 15 ist ein Form-Beispiel für einen solchen Überblick.

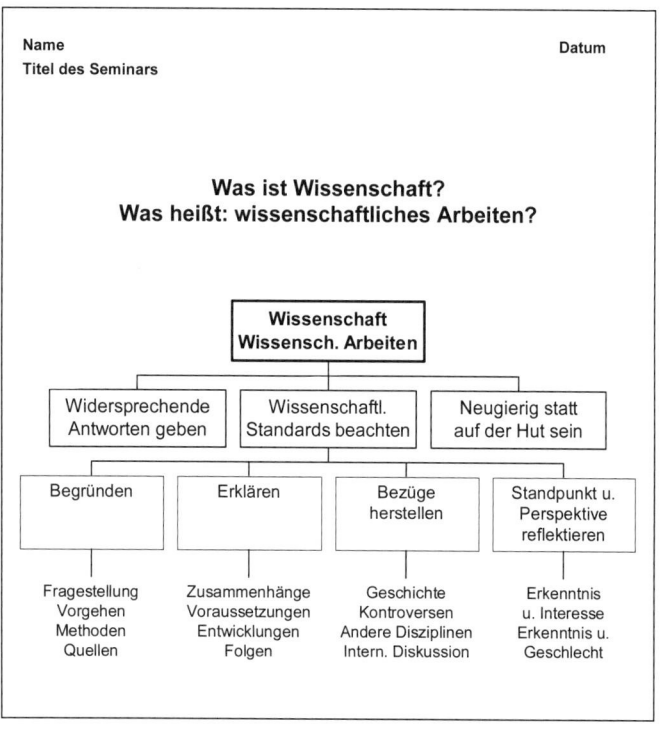

Abbildung 15: Erste Seite eines Handouts mit Themenlandkarte

Es gibt kein Patentrezept, *wann* ein Handout verteilt werden sollte. Für welchen Zeitpunkt auch immer Sie sich entscheiden: Informieren Sie zu Beginn Ihrer Präsentation die Zuhörer*innen, ob und wann sie Unterlagen erhalten. Zu wissen, man bekommt das Wichtigste schriftlich, hilft, konzentriert zuzuhören.

Ich verteile Handouts am Ende der Präsentation, weil ich die Aufmerksamkeit der Zuhörer*innen nicht mit einem Handout teilen möchte.

Ich *verteile* Handouts. Ich lege sie nicht – zu Selbstbedienung – auf einen Stuhl oder Tisch. Mit dem Verteilen ist die Geste des Gebens und Nehmens verbunden, die Kontakt zu den Zuhörer*innen herstellt.

Sie können Ihre Präsentation auch als multimediales Handout zur Verfügung stellen, in dem Sie zu sehen und zu hören sind.

Kurz und gut

Ein gelungenes Handout enthält alle wichtigen Informationen, Daten und Fakten. Mehr nicht.

14 Ist gendern ein Muss?

Sie müssen nicht gendern.
   Es gibt jedoch gute Gründe, Menschen aller Geschlechtsidentitäten sprachlich sichtbar zu machen.

Wie halten Sie es mit der Möglichkeit, die so manchen auf die
Barrikaden treibt und der CDU in Thüringen so verhasst ist, dass
sie mit der AfD gemeinsame Sache macht (Nimz 2022; Hentschel,
Richter 2023): Gendern?
   Ist Gendern „gaga"? Sind wir von einer „Sprachdiktatur" (Bolz
2023) bedroht? Muss – wie in Bayern und Hessen – ein gesetzliches
Verbot her? (Frehler, Müller-Lancé 2023, 8)
   Wenige Themen taugen in Deutschland so verlässlich zum Auf-
reger wie das Ansinnen auf eine geschlechtergerechte Sprache.
   Gendern meint, so der *Duden*, „bestimmte sprachliche Mittel zu
verwenden, um Menschen aller Geschlechtsidentitäten sprachlich
sichtbar zu machen."[12]

---

12 Diesen Sachverhalt formuliert Peuschel (2022, 50) so: „Unter gendergerechter
    Sprache werden in Hinblick auf nominale Personenbezeichnungen im Gegensatz
    zum sogenannten generischen Maskulinum Formen des Splittings (Beidnennung
    der grammatisch maskulinen und femininen Formen, entweder als Paarform oder
    durch Segregation der Suffixe), der Neutralisierung (ohne Genderreferenz, bei-
    spielsweise durch Partizipienbildung), das generische Femininum (als symboli-
    sche Umkehrung des generischen Maskulinums) sowie weitere Formen (im Wort
    wandernde Unterstriche, x-Endungen und anderes mehr) gefasst."
    Was ist mit diesem umständlichen Satz gewonnen? Verloren geht das Interesse
    an der Sache. Gewonnen wird der Eindruck: Hier kann jemand nicht verständlich
    formulieren.
    Leser*innen lassen sich durch einen verständlichen Text stärker beeindrucken
    als durch Texte, die schwer zu verstehen sind: „Write clearly and simply if you
    can, and you'll be more likely to be thought of as intelligent." (Oppenheimer
    2006, 153 – s.a. Taddicken/Wicke/Willems 2020). Diese Feststellung und Oppen-
    heimers Schlussfolgerung treffen auch auf Referate und Vorträge zu.

Während sich in den meisten wissenschaftlichen Texten hartnäckig das generische Maskulinum hält – mittlerweile oft verbunden mit der Zusicherung, Frauen seien stets „mitgemeint" –, hat sich in der gesprochenen Sprache etwas getan: Kein Landespolitiker und keine Bundespolitikerin spricht heute nur Männer an, sondern adressiert Bürgerinnen und Bürger, redet von Schülerinnen und Schülern.

In Stellenanzeigen wird gegendert. Und die Wirtschaft ist nicht zusammengebrochen. In ARD und ZDF wird gegendert. Ohne dass die Nachrichtenqualität darunter leidet. Im *Duden online* sind seit 2021 alle Bäcker Männer, Frauen sind Bäckerinnen. Und beim Kraftfahrer ist die Kraftfahrerin nicht mitgemeint, sondern heißt Kraftfahrerin. Student ist nicht länger eine Bezeichnung für alle Studierenden, sondern eine *„männliche* Person, die an einer Hochschule studiert". Die *Lufthansa* hat „Sehr geehrte Damen und Herren" in der Ansage abgeschafft, um auszuschließen, dass die eine oder andere Person sich nicht angesprochen fühlt. „Guten Tag", „Guten Abend" oder „Herzlich willkommen" heißt es nun auch bei *Austrian* und *Brussels Airlines* und *Eurowings* (Zips 2021, 8).[13]

Sie müssen nicht gendern, sollten jedoch die Wirkung von Sprache bedenken. Selbstbewusste Frauen wollen nicht mitgemeint, sondern angesprochen bzw. genannt werden.

Das macht keine große Mühe: Studentinnen und Studenten ist leichter auszusprechen als Verkehrsinfrastrukturfinanzierungsgesellschaft. Die Genderpause zwischen Wähler * in (auch gesprochenes Gendersternchen genannt) erfordert keine sprachliche Akrobatik.

Es bedarf wenig Mühe, geschlechtergerecht zu formulieren, ohne das Verständnis bzw. die Lesbarkeit zu beeinträchtigen (s.a. ÜberzeuGENDERE Sprache 2021 und Olderdissen 2022):

* Beide Geschlechter nennen: Studentinnen und Studenten.
* Zwischen männlichen und weiblichen Bezeichnungen wechseln: Studenten und Professorinnen, der Doktorand und die Forscherin.

---

13 2018 wurde der englische Text der kanadischen Nationalhymne geschlechtsneutral formuliert. Aus „true patriot love in all thy sons command" wurde „true patriot love in all of us command". In Österreich schafften Frauen es 2011 in die Bundeshymne: „Heimat großer Töchter und Söhne" heißt es seitdem in der vierten Zeile.

- Häufig genügt es, auf *der* zu verzichten. Wie in der Arie *In diesen heil'gen Hallen* aus der *Zauberflöte*: „Wen solche Lehren nicht erfreu'n, verdienet nicht ..." Ein zeitgenössisches Beispiel: Wer gegen Rassismus ist, wählt nicht AfD.
- Ein wenig Fantasie hilft immer: *Alle*, die diesen Ansatz kritisieren ... (statt: Alle Kritiker); *Reisende* wollen es bequem haben *(statt: Der Reisende will)*.[14]

Kurz und gut

Sprache konstruiert Wirklichkeit. Die Worte, die wir wählen, machen Menschen sichtbar oder unsichtbar. Das ist für die Wahrnehmung der Geschlechter nicht folgenlos. Deshalb ist geschlechtergerechte Sprache kommunikativ angemessen.

---

14 Ein Beispiel aus den USA. Dort wurde an Universitäten aus dem chair*man* of the department schlicht *chair* (Daston 2023, 38).

15 Wie antworte ich gelassen auf Fragen zu meiner Präsentation?

Antworten Sie in aller Ruhe, wenn Ihnen nach einem Referat oder Vortrag Fragen gestellt werden.
Fragen sind kein Grund zur Hektik. Sie müssen nicht *schlagfertig* sein. Fragen sind keine Angriffe, die Sie *wie aus der Pistole geschossen* zurückschlagen müssen. Gelassenheit hält den Kopf frei für sachliche Antworten.

Zwei Fragen aus einem Seminar und einem Kolloquium:
- Dozent A: „Hat Ihnen Ihr Referat gefallen?"
- Studentin B: „Hältst Du immer solche Vorträge?"

„Ja" – lautet mein Antwort-Vorschlag zur ersten Frage: Die Frage enthielt keine Kritik. Deshalb gibt es keinen Grund, Kritik zu hören. Und es gibt keine Veranlassung, die eigene Leistung zu schmälern oder zu rechtfertigen.

Als Empfehlung formuliert: Nehmen Sie Fragen, die keine expliziten Wertungen enthalten, wörtlich. Das erleichtert Ihnen das Antworten erheblich.[15]

„Hältst Du immer solche Vorträge?" Die Frage ist unklar. Was sind *solche* Vorträge? Wenn eine Frage nicht eindeutig ist, bittet man um Erläuterung: „Was meinst Du mit *solche* Vorträge?"

---

15 Wer eine Prüfung vor sich hat, sollte bedenken: Fragen gehört zur Rolle der Prüfenden. Selten will man Ihnen *auf den Zahn fühlen* oder Sie *in die Mangel nehmen*. Gehen Sie vielmehr davon aus, dass die Prüfenden daran interessiert sind, was Sie zu sagen haben. Begreifen Sie deshalb Fragen in Prüfungssituationen als Chance, Ihr Wissen zu beweisen. Zudem: So manche umständlich formulierte, kompliziert klingende Frage dient der Selbstdarstellung und zielt nicht darauf ab, Sie zu verunsichern.

Jetzt ist Studentin B wieder an der Reihe. Nehmen wir an, sie sagt: „Na, so abstrakt."

Das *klingt* nach Kritik. Der Satz muss aber nicht notwendig so *gehört* werden. Was ist mit *abstrakt* gemeint? *Abstrakt, theoretisch* oder *kompliziert* sind häufig unpräzise Bewertungen. Sie können zutreffen, und sie können Ausdruck mangelnder Anstrengungsbereitschaft derer sein, die diese Wertung vornehmen. Es gibt daher keinen Anlass, sich zu rechtfertigen oder zu entschuldigen. Studentin B hat sich unpräzise ausgedrückt. Die angemessene Reaktion ist deshalb eine selbstbewusste Nachfrage: „Meinst Du mit *abstrakt* die theoretische Verdichtung eines komplexen Sachverhalts?"

Fragen als Fragen und Bewertungen als eine Meinung „hören", über die man sich auseinandersetzen kann – diese Haltung schützt davor, eine ungünstige und anstrengende Rechtfertigungs- oder Verteidigungshaltung einzunehmen, in die Rolle der oder des Angeklagten zu schlüpfen. Mit anderen Worten: Widerstehen Sie der Tendenz, nur mit dem „Kritik-Ohr" zu hören und sich deshalb unnötig zu rechtfertigen. Das ist die erste Voraussetzung für einen gelassenen und souveränen Umgang mit Fragen.

Souverän statt schlagfertig reagieren

Antworten Sie in aller Ruhe, wenn Ihnen nach Ihrem Vortrag Fragen gestellt werden. Sie müssen nicht *schlagfertig* sein. *Schlag*fertigkeit ist ein scheußliches Wort und ein Ziel, das in die Irre führt: Fragen sind keine Angriffe, die man schnell – *wie aus der Pistole geschossen* – (bissig oder ironisch) zurückschlagen muss.

Diese Einsicht hilft, gelassen zu bleiben. Gelassenheit hält den Kopf frei für sachliche Antworten, mit denen Sie Pluspunkte sammeln können.

Ein *Schlag*abtausch mag spannend sein. Sympathie für die Kontrahent*innen weckt er nicht. Schlagfertige Menschen haben vielleicht ehrfürchtige Gegnerinnen oder neidvolle Bewunderer – aber wenige Freundinnen und Freunde.

Unbeliebt macht man sich auch mit ausweichenden Antworten, die arrogant wirken: „Die Frage stellt sich doch gar nicht." (Eine klassische Angela Merkel-Antwort auf Bundespressekonferenzen, wenn ihr eine Frage missfiel).

Stellen Sie sich nicht unter Schlagfertigkeitsdruck, sondern nehmen Sie sich Zeit für eine Antwort. Mit einer Pause signalisieren Sie: *Ich stehe nicht unter Druck. Ich denke nach, um keine oberflächlichen Antworten zu geben.* Denkpausen sind souverän.

Sie können sich Zeit zum Nachdenken verschaffen, indem Sie

1. Einen Überbrückungssatz formulieren:
   „Lassen Sie mich kurz nachdenken, um Ihre Frage so konkret wie möglich zu beantworten."

2. Ihre *Antwort gliedern*:
   „Deine Frage spricht drei verschiedene Aspekte an. Ich will zunächst auf ... eingehen, dann auf ... und schließlich auf die Frage nach ..."

3. *Schmeicheln*:
   - „Das ist eine sehr wichtige (interessante, spannende) Frage."
   - „Es freut mich, dass Sie das fragen, denn ..."

4. Eine *Gegenfrage stellen*:
   - „Wie meinen Sie das?"
   - „Was verstehst Du unter *Generationengerechtigkeit*?"
   - „Können Sie Ihre Frage bitte etwas konkreter formulieren?"

5. Die *Frage analysieren*:
   - „Ihre Frage enthält eine Voraussetzung, die ich nicht teile. Ich gehe aber gerne auf das angesprochene Problem ein."
   - „Du hast drei Fragen gestellt. Ich antworte zunächst auf die aus meiner Sicht wichtigste Frage: ..."
   - „Den Gegensatz, der in Ihrer Frage anklingt, sehe ich nicht. Zu dem von Ihnen angesprochenen Problem meine ich: ..."

Wenn Sie während eines Vortrags oder Referats durch Fragen unterbrochen werden, können Sie die Frage beantworten oder versprechen, dass die Frage im Laufe des Vortrags beantwortet wird. Sie können zudem darauf hinweisen, dass Sie Fragen erst im Anschluss an Ihr Referat beantworten möchten.

Vermeiden sollten Sie Ein-Satz-Antworten, die zu Frage-Antwort-Runden führen können, die an die Schule erinnern.

Fragen Sie nach, wenn Sie unsicher sind, ob Sie eine Frage richtig verstanden haben. Das ist kein Ausdruck von Schwäche, sondern von angemessener Kommunikation:

* „Zielt Ihre Frage auf die internen oder die externen Faktoren?"
* „Habe ich Sie richtig verstanden, Sie möchten die Zahl für die gesamte OPEC wissen?"

Fällt Ihnen die Antwort auf eine Frage schwer, können Sie die Frage einengen oder ausweiten.

Einengen: „Ich beantworte Deine Frage an einem konkreten Beispiel."

Ausweiten: „Lassen Sie mich Ihre Frage in einen größeren Zusammenhang einordnen."

Und Sie können *passen*: Sie können und müssen nicht alles wissen. Geben Sie eine Wissenslücke zu. Versuchen Sie nicht, sich herauszureden. Ausflüchte provozieren oft weitere Fragen, die „in die gleiche Kerbe hauen".

Sie können auch mit ein wenig (Selbst-)Ironie passen: „Die Frage ist so gut, dass ich sie nicht durch meine Antwort verderben möchte." (Robert Koch).

Online finden Sie Hinweise zum Umgang mit Alternativfragen, klassischen Bewerbungs- und anderen kniffligen Fragen.

Ebenfalls online: Hinweise zum Umgang mit Prüfungsfragen.

Kurz und gut

Nehmen Sie sich Zeit für Ihre Antworten, wenn Ihnen nach einem Referat oder Vortrag Fragen gestellt werden. Mit Denkpausen signalisieren Sie: *Ich stehe nicht unter Druck. Ich denke nach, um keine oberflächlichen Antworten zu geben.* Denkpausen sind souverän.

16 Wie gehe ich selbstsicher mit Kritik an meinem Referat um?

Wir machen Fehler. Die „Furcht zu irren (ist) schon der Irrtum selbst" (Hegel).
  Nehmen Sie berechtigte Kritik an. Vermeiden Sie Rechtfertigungen. Weisen Sie unzutreffende Kritik freundlich, aber bestimmt zurück. Und verwahren Sie sich unmissverständlich gegen übergriffige Etikettierungen.

Nach einem Vortrag werde ich darauf hingewiesen, dass ich einen wichtigen neuen Aufsatz nicht berücksichtigt habe.
  Diese Rückmeldung hilft mir, diesen *Fehler* nicht zu wiederholen. Für dieses Versäumnis rechtfertige ich mich nicht. Wegen dieses Fehlers geht die Welt nicht unter: Ich mache schon mein ganzes Leben Fehler.
  Ich *entschuldige* mich bei einem Freund, wenn ich zu spät zu einer Verabredung komme. Und einem Freund *erkläre* ich auch, warum ich zu spät komme.
  Habe ich einen Aufsatz übersehen, sage ich: „Den habe ich noch nicht gelesen. Gut, dass Sie mich darauf hinweisen". Das reicht.

Zutreffende und unzutreffende Kritik

Es ist nicht zu vermeiden, dass wir Fehler machen, uns irren. Wer Fehler und Irrtümer von Schuld-Überlegungen trennt, wird von Kritik nicht erschüttert, sondern kann sie als nützliche Rückmeldung annehmen.
  Allerdings ist nur *zutreffende* Kritik eine nützliche Rückmeldung. *Unzutreffende* Kritik sollten Sie freundlich, aber bestimmt zurückweisen, statt sie vorschnell anzunehmen und mit Rechtfertigungen zu reagieren:
• „Das trifft nicht zu, denn ..."
• „Das stimmt insofern nicht, als ..."

- „Ich vermute, Sie haben vergessen, dass ...“
- „Sie übersehen meine ...“

Unklare, einschüchternde Kritik

Drei Kritikmuster, die im Gewand wissenschaftlicher Feststellungen daherkommen:

- „Sieht man einmal von den Schwächen Ihrer Datenbasis ab, habe ich zwei Fragen zum Stand der Forschung: ...“
- „Das war ja sehr anregend, lieber Jonas, aber ich kann mich doch des Eindrucks nicht erwehren, dass Deine Analyse die Dialektik von Teil und Ganzem verfehlt.“
- „Ich habe den Eindruck, dass Du die neuere französische Literatur nicht berücksichtigt hast.“

In allen drei Aussagen wird auf Mängel verwiesen, ohne diese präzise zu benennen. Das macht es leicht, andere zu kritisieren. Auch wenn ich nichts von Steuerpolitik oder Erbschaftsrecht, von Bildung in der Frühen Neuzeit oder Gewässerschutz und Architektur verstehe, kann ich anderen vorhalten, dass die Dialektik von Teil und Ganzem oder die neuere französische Literatur nicht berücksichtigt wurde. Und ich kann bemängeln, dass

- das Thema viel differenzierter behandelt werden müsste oder
- die Relevanz der Thesen (Daten, Fragestellung) für das Thema nicht deutlich wurde.

Wie souverän und gelassen auf diese Mängelrügen reagieren? Meine Empfehlung: Nutzen Sie eines der folgenden beiden Antwort-Muster, die eine Gemeinsamkeit haben: Stets wird die eigene Leistung unterstrichen.

1. Den Einwand überhören – und die eigene Leistung herausstellen

„Das war ja sehr anregend, lieber Jonas, aber ich kann mich doch des Eindrucks nicht erwehren, dass Ihre Analyse die Dialektik von Teil und Ganzem verfehlt.“

Sie haben die Wahl, auf welchen Teil dieser Aussage Sie sich beziehen wollen. Und Sie sollten, wenn es um die Diskussion Ihres Vortrags geht, jede Chance nutzen, Ihre Leistungen hervorzuheben: „Es freut mich, dass Sie meine Analyse anregend finden. Mir war es besonders wichtig herauszustellen, dass ..."

Ein weiteres Beispiel: „Das ist ja sehr originell, aber ich kann die Relevanz für das Thema nicht sehen." Reaktion: „Danke für das Kompliment. Ich bringe noch einmal auf den Punkt, worin meines Erachtens die Relevanz meiner Arbeit besteht."

2. Nachfragen – und die eigene Leistung herausstellen

„Ich habe den Eindruck, dass Du die neuere französische Literatur nicht berücksichtigt hast."

Sie können jeder Variante der Mängel-Rüge mit einer Nachfrage begegnen. Heben Sie vor der Frage Ihre Leistung hervor. Und machen Sie dann die schöne Erfahrung, dass Bluffer ins Stottern geraten: „Ich habe gezeigt, dass ... Welche Auffassungen finden sich dazu in der neueren französischen Literatur?"

Ein weiteres Beispiel: „... aber Sie hätten den internationalen Aspekt stärker berücksichtigen müssen." Antwort: „Ich habe bewiesen, dass ... Wie darf ich vor diesem Hintergrund Ihren Hinweis interpretieren?"

Nachfragen ist Pflicht, wenn mit *Andeutungen* gearbeitet wird: „Sieht man einmal von den Schwächen Ihrer Datenbasis ab, habe ich zwei Fragen zum Stand der Forschung: ..."

Die Fragen nach dem Stand der Forschung sind zunächst uninteressant: Wer nur die Fragen beantwortet, akzeptiert die Andeutung als Fakt. Die Folge, ich habe sie erlebt und mitgelitten: In der weiteren Diskussion sind die angeblichen *Schwächen der Datenbasis* eine ausgemachte Sache und die Diskussionsteilnehmer*innen eröffnen ihre Kommentare zum Vortrag des Doktoranden mit der Formulierung: „Auf die Schwächen der Argumentation von ABC wurde ja bereits hingewiesen." Deshalb bei Andeutungen über Schwächen oder Ungereimtheiten stets umgehend nachhaken:

- „Meine Daten sind, wie ich erläutert habe, repräsentativ. Was meine Sie mit *Schwächen?*"
- „Können Sie das präzisieren?"
- „Welche Ungereimtheiten meinen Sie?"

Solche Nachfragen bringen alle ins Schwimmen, denen es nicht um eine sachliche Kritik geht, sondern um Einschüchterung. Hat eine Argumentation tatsächlich Schwächen, ist das kein Drama. Und es ist immer besser zu wissen, woran man ist, als eine Andeutung über Schwächen im Raum stehenzulassen.

Kränkende, verletzende Kritik

Auch wenn wir es uns anders wünschen: Manchmal wird ein Gegenüber unverschämt. Dann hilft nur ein eindeutiges Stoppsignal: „Das ist für mich keine Gesprächsebene." Oder: „Ich bevorzuge sachliche Auseinandersetzungen." Verstecken Sie Ihren Ärger nicht hinter Sachargumenten, sondern sagen Sie unmissverständlich, dass die Form der Kritik Sie ärgert.

Auf übergriffige Etikettierungen können Sie souverän auf folgende Weise reagieren:

Professor Weise zum Referat von Studentin XYZ: „Sie sind wohl so eine radikale Umweltschützerin?!"

Die Studentin hört die Kritik – und nimmt sie nicht an, sondern stellt deutlich heraus, was sie unter *radikaler Umweltschützerin* versteht: „Wenn Sie damit sagen wollen, dass ich mich engagiert für den Schutz der Natur und Umwelt einsetze, dann bin ich eine *radikale Umweltschützerin*."

Eine drastischere Variante: Professor Weise zur neuen Tutorin: „Ach, Sie sind Vegetarierin. *Ich* sehe das Leben nicht verbissen."

Die Tutorin: „Sie meinen, ich sei eine verklemmte Körnerfresserin, die lustlos durchs Leben läuft, weil sie kein Fleisch isst!?"

Wenn Sie auf unverschämte verdeckte Kritik auf diese Weise reagieren, werden Sie die Erfahrungen machen, dass Ihr Gegenüber unbeholfen zurückrudert.

 Wie Sie gelassen auf manipulativer Kritik reagieren können, erfahren Sie auf den Online-Seiten.

Kurz und gut

Räumen Sie sich das Recht auf Fehler ein. Das hilft, gelassen mit Kritik umzugehen, berechtigte Kritik ohne umständliche Rechtfertigungen anzunehmen. Weisen Sie unzutreffende Kritik freundlich, aber bestimmt zurück und stellen Sie Ihre Leistungen heraus.

17 Wie sorge ich dafür, dass ich in Diskussionen nicht überhört werde?

Beteiligen Sie sich selbstbewusst an Diskussionen. Lassen Sie sich die Freude am Meinungsstreit nicht durch Vielredner*innen oder andere Störungen verderben.

Vermeiden Sie, um als gewichtige Stimme wahrgenommen zu werden, Unsicherheitssignale. Unterstreichen Sie vielmehr verbal und nonverbal, dass Sie etwas zu sagen haben.

Melden Sie Störungen freundlich, aber bestimmt an – statt darunter zu leiden.

Wissenschaft lebt von Kontroversen und entwickelt sich im Meinungsstreit. Diskussionen sind ein Medium des Erkenntnisgewinns. Studieren verläuft erfolgreicher, wenn Erkenntnisse nicht nur nachvollzogen, sondern in Diskussionen angewandt werden.

Doch häufig sind Diskussionen in Seminaren (und anderswo) Bühne für Selbstdarstellungen und für Kämpfe um Sieg oder Niederlage: In Diskussionen geht es nie nur um (die besten) Argumente. Vielmehr ist mit dem *Inhalt* eines Diskussionsbeitrags – durch Formulierungen, den Tonfall und nonverbale Signale – eine Selbstauskunft verknüpft. Und ein Beziehungsaspekt: Wie steht der Sprecher zu den anderen Diskussionsteilnehmerinnen?

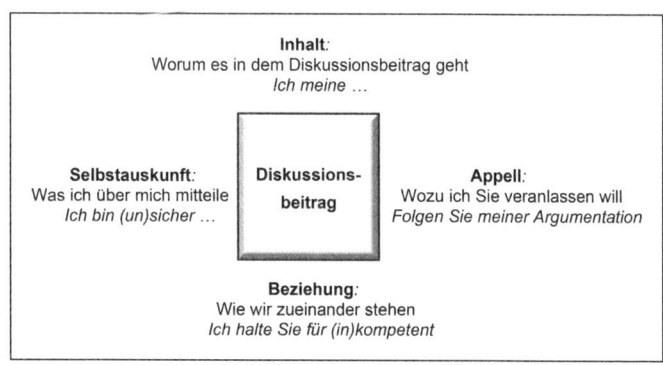

Abbildung 16: Die Dimensionen eines Diskussionsbeitrags (Franck 2023, 122)

Um die Dimensionen *Selbstauskunft* und *Beziehung* geht es im Folgenden.[16] Zwei Fragen sind leitend:

1. Was können Sie tun, um nicht überhört zu werden? (Selbstauskunft)
2. Wie reagieren, wenn die Diskussion unproduktiv verläuft oder das Verhalten anderer Diskussionsteilnehmer*innen Sie stört? (Beziehung)

Vorab lege ich Ihnen folgende Maxime nahe:

- Treten Sie *für* die *eigene* Meinung, *für* die *eigenen* Vorstellungen und Vorschläge ein – nicht gegen andere.
- Zeigen Sie sich *dialogbereit* und *dialogfähig*: Hören Sie so zu, dass andere gerne reden. Reden Sie so, dass andere Ihnen gerne zuhören.

Nicht überhört werden:
Unsicherheitssignale vermeiden, Verstärker einsetzen

Werden bestimmte Formulierungen in Diskussionsbeiträgen als Unsicherheitssignale wahrgenommen, können sie die Wirkung eines Diskussionsbeitrags schmälern. Beispielsweise kann, was als

---

16 Auf die Inhaltsseite, strukturiertes Argumentieren, gehe ich ausführlich im *Handbuch Kommunikation* (2021a) ein.

höfliche Formulierung gedacht ist, auf andere wie eine Demutsgeste wirken oder als Einladung, eine Aussage nicht wichtig zu nehmen, einen Vorschlag zu überhören.

Sprachliche Unsicherheitssignale werden gewöhnlich überhört, wenn sie von Wissenschaftler*innen formuliert werden, die als Autorität oder Koryphäe gelten. Wenn in einer Diskussion der Status der Beteiligten erst ausgelotet, Autorität erst im Verlauf der Diskussion hergestellt bzw. eingeräumt wird, dann sind solche Signale ein großes Handicap.

Unsicherheitssignale vermeiden

Unsicherheitssignale werden oft unbewusst gesendet. Deshalb führe ich zahlreiche Formulierungsbeispiele zur Selbstüberprüfung an: Gehören solche Formulierungen zu Ihrem Sprachrepertoire?

Das Licht unter den Scheffel stellen

- Ich bin *eigentlich (ziemlich, irgendwie)* zufrieden mit meiner Hausarbeit.
- Ich möchte ein *bisschen* über die Ergebnisse meiner Recherchen *erzählen*.

Schmälern Sie Ihre Leistungen nicht. Schwächen Sie Ihre Fähigkeiten nicht durch Diminutive ab. Wer etwas geleistet hat, braucht das nicht kleinzureden (an dieser Arbeit versuchen sich häufig genug andere). Deshalb (ohne dick aufzutragen):

- „Ich bin zufrieden mit meiner Hausarbeit."
- „Ich möchte über die Ergebnisse meiner Recherchen berichten."

Erzählen bleibt Geschichten aus dem Urlaub oder Märchen für Kinder vorbehalten. Lassen Sie manchmal Ihr Kind noch ein *bisschen* länger aufbleiben, und gönnen Sie sich ab und an ein *bisschen* mehr vom Nachtisch. Mehr *bisschen* macht klein.

Fragen statt Aussagen

- Diese These ist doch nicht haltbar, nicht wahr?
- Ist das nicht eine unzulässige Verallgemeinerung?
- Könnte es nicht sein ...?
- Meinst du nicht auch ...?
- Sollten wir nicht besser ...?

Wer *wissen* möchte, ob eine These haltbar ist, stellt eine Frage. Wer der Auffassung ist, eine These sei nicht haltbar, sollte das selbstbewusst und unmissverständlich formulieren:

- „Ich meine, dass diese These nicht haltbar ist, weil ...".
- „Ich halte das für eine unzulässige Verallgemeinerung."

Demutskonjunktiv

- Ich würde sagen, Judith Butler geht es an diesem Punkt um ...
- Ich fände es besser, ...
- Eigentlich wollte ich ...

In diesen Sätzen wird der Konjunktiv falsch eingesetzt. Ein Sprachschnitzer ist kein Problem; die unausgesprochene Botschaft ist problematisch: *Gestatten Sie mir, dass ich das sage. Ich bin bereit, es jederzeit anders zu sehen.* Sprechen Sie *würde*los:

- „Ich meine, Judith Butler geht es ..."
- „Ich finde es besser, ..."
- „Ich schlage vor, ..."

Wer bin ich denn schon? Entschuldigungen

- Ich bin keine Expertin auf diesem Gebiet.
- Das ist nur so eine Idee von mir.
- Mehr fällt mir dazu nicht ein.
- Ich meine bloß.
- Ich weiß ja nicht, ob das jetzt passt (dazugehört).
- Ich bin mir nicht hundertprozentig sicher, ob ...
- Es tut mir leid, aber ich kann keinen Zusammenhang zwischen ... sehen.
- Vielleicht bringt uns das nicht weiter, aber ...

Schwächen Sie Ihre Aussagen nicht ab, indem Sie sich oder Ihre Meinung abwerten oder kleinmachen. Mit Dementi dieser Art untergraben Sie Ihre Autorität und laden zu Kritik ein. Machen Sie unmissverständlich deutlich, *dass* Sie etwas zu sagen haben:

- „Ich mache folgenden Vorschlag: ..." (statt: *Das ist nur so eine Idee von mir*).
- „Soweit meine Überlegungen zu diesem Punkt." (statt: *Mehr fällt mir dazu nicht ein*).
- „Ich sehe keinen Zusammenhang zwischen ..." (statt: *Es tut mir leid, aber ich kann ...*).

Darf ich auch was sagen?

- Wenn ich auch einmal etwas dazu sagen darf.
- Ich würde gerne einmal fragen ...

Beginnen Sie einen Diskussionsbeitrag nicht mit einer einleitenden Bitte um das Rederecht. Dieses Recht steht Ihnen zu. Sprechen Sie einleitungsfrei. Wenn Sie höflich sein möchten, dann richtig:

- „Das ist eine *interessante* These. Ich stimme ihr in einer Hinsicht nicht zu: ..."
- „Das sind *spannende* Befunde. Haben Sie auch Daten über ... erhoben?"

Wir statt ich

- Müssten wir nicht erst klären, ob ...?
- Vielleicht sollten wir ...
- Wir sollten wieder zum Thema zurückkommen.

In diesen Sätzen wird die eigene Person versteckt; Meinungen werden als Frage formuliert. Selbstbewusst wirken Aussagen, wenn die Sprecherin oder der Sprecher Verantwortung übernimmt und sich keine Rückzugsmöglichkeiten offen hält:

- „*Ich* möchte, dass wir zum Thema zurückkommen."
- „*Ich* meine, wir müssen erst klären, ob ..."

Die eine oder der andere meint, die Vermeidung des Personalpronomens *ich* sei ein Kennzeichen wissenschaftlichen Stils. In Diskussionsbeiträgen macht ein *Ich* Eindruck – meine ich.

Euphemismen

Sprechen Sie nicht durch die Blume:
* Das war ja wohl eine *etwas unglückliche* Argumentation.
* Die Begründung ist *nicht recht* gelungen.

Sprechen Sie Klartext:
* „Die Argumentation ist nicht schlüssig, weil ...“
* „Die Begründung ist lückenhaft, denn ...“

Klartext ist dann nicht unhöflich, wenn sich die Kritik auf eine Aussage bzw. eine Leistung bezieht und nicht auf die kritisierte Person.

Verstärker einsetzen

Auftrumpfen oder Belehren sind keine kommunikative Alternative zu Unsicherheitssignalen. Ich schlage Ihnen Verstärker vor, mit denen Sie schlicht, aber deutlich signalisieren: *Ich habe etwas zu sagen, es lohnt, mir zuzuhören.* Mit *Verstärker* meine ich weder technische Hilfsmittel noch rhetorische Tricks, sondern sprachliche Signale, die Ihre Argumente und Schlussfolgerungen zum Klingen bringen.
Das sind die wichtigsten *verbalen* Verstärker:

Strukturierende Begriffe

Vor allem Begriffe, die die Logik wissenschaftlichen Denkens und Arbeitens widerspiegeln, verleihen einem Beitrag Nachdruck: *Analyse, Begründung, Daten, Fragestellung, Hypothese, Konzept, Kriterien, Methode, Schlussfolgerung, These* ...:
* „Ich *behaupte* ... Diese Behauptung *begründe* ich ...“
* „Aus diesen Überlegungen *ziehe* ich den *Schluss* ...“
* „Ich komme daher zu dem *Ergebnis* ...“

 Eine Liste solcher Begriffe enthält das Online-Angebot.

Kurze, prägnante Sätze

Wer *in Absätzen* spricht, hat es schwer, angemessen zu betonen. Ein klarer Satzbau und kurze Sätze sind Voraussetzung, um eindringlich sprechen und Wichtiges deutlich hervorheben zu können (siehe Seite 64).

Publikumslieblinge

Visualisieren Sie mit Worten: mit Vergleichen, Bildern, Analogien. Kopfkino sorgt für Aufmerksamkeit (siehe Seite 36f.).

Wechselnde Betonung

Der *Brustton der Überzeugung* kommt zustande, wenn Sie Pausen machen, mal lauter und mal leiser (aber immer gut hörbar), mal langsamer und mal schneller (aber nie zu schnell) sprechen (siehe Seite 83).

Die wichtigsten nonverbale Verstärker – Blickkontakt halten, gerade sitzen oder aufrecht stehen, Aussagen sparsam mit Gesten unterstreichen – habe ich im Abschnitt über nonverbale Kommunikation vorgestellt (siehe Seite 79f.).

Souverän mit Störungen und Störer*innen umgehen

Meinungsverschiedenheiten sind kein Problem, wenn sie sachlich ausgetragen werden. Der Streit um Meinungen kann ein wichtiges Mittel des Erkenntnisgewinns sein. *Kann.*

Verlaufen Diskussion anders, kommt es vor allem darauf an, nicht in missmutiges Schweigen zu verfallen oder so viel Unmut aufzustauen, dass man nur noch heftig reagieren kann. Deshalb ist es wichtig, *rechtzeitig* und *präzise* zu beschreiben, was aus welchen Gründen stört und was geändert oder wie weiter verfahren werden soll.

Störungen gelassen beheben

Sich nicht unterbrechen lassen

Lassen Sie sich nicht unterbrechen:

- „Ich möchte meinen Gedanken zu Ende führen."
- „Lassen Sie mich bitte ausreden."
- „Cem, Du unterbrichst mich zum dritten Mal. Ich möchte ungestört ausreden können. Bitte halte Dich an die Redeliste und unterbrich mich nicht mehr."

Auf Antworten bestehen
Sorgen Sie dafür, dass Ihre Fragen beantwortet und Ihre Vorschläge aufgegriffen werden:
- „Ich möchte, dass Du auf meinen Vorschlag eingehst."
- „Mein Vorschlag wurde noch nicht zu Ende diskutiert."
- „Ich möchte, dass auf meine Anregung eingegangen wird."

Für eine gleiche Gesprächsebene sorgen
Vor allem Frauen sollten deutlich machen, dass sie
- nur auf gleicher Ebene kommunizieren, es nicht zulassen, von einem Mann von oben herab behandelt zu werden,
- sexistische Witze nicht komisch finden. Solche Witze sind nicht nur unhöflich und peinlich, sondern frauenverachtend. Bei solchen Witzen geht es um Überordnung und Unterordnung: Wer darf über wen herziehen, wer darf auf wessen Kosten lachen?

Von Störer*innen nicht nerven lassen

Und wenn Vielredner, Dauerkritiker oder Definitionsverliebte am Tisch sitzen? Bleiben Sie *freundlich* und sagen Sie *bestimmt*, wie Sie sich eine gelungene Diskussion vorstellen. Folgen Sie nicht dem Impuls, „mit gleicher Münze" heimzuzahlen. Wer mit dem Schornsteinfeger ringt, wird schwarz – egal, wer gewinnt: Ein aggressiver Kommunikationsstil macht unbeliebt (vgl. König, Jucks 2021).

*Vielredner*in*

Die Fähigkeit zu schweigen, ist nicht allen gegeben. Viele reden lieber viel, als anderen zuzuhören. Was tun – statt unter Vielredner*innen zu leiden?

Sagen Sie deutlich, dass Sie noch andere Meinungen hören möchten. Verweisen Sie auf das Ziel der Diskussion, reitet ein Teilnehmer sein Steckpferd, statt zur Sache zu reden. Sie können zudem eine formale Regelung vorschlagen, zum Beispiel eine Redezeitbegrenzung:

- „Ich verstehe, dass Du an dieser Frage sehr interessiert bist. Trotzdem bitte ich Dich, die Diskussion über diesen Punkt zu beenden, weil wir viele wichtige Fragen noch nicht angesprochen haben."
- „Ich möchte noch weitere Argumente hören und bitte Sie, zunächst andere Teilnehmerinnen und Teilnehmer zu Wort kommen zu lassen."
- „Silkes Engagement ist mit Appellen nicht zu bremsen. Ich schlage deshalb vor, eine Redeliste zu führen, an die sich alle halten."

Dauerkritiker*in

In Diskussionen gibt es nicht selten einen Teilnehmer, der alles kritisiert, oder eine Teilnehmerin, die jeden Vorschlag ablehnt. Die beste Schnelltherapie: Fragen Sie den Kritiker und die Ablehnerin nach Vorschlägen und Alternativen.

- „Was schlägst Du vor?"
- „Wie würden Sie es machen?"
- „Welches Ziel verfolgst Du mit Deiner Kritik?"

Definitionsverliebte

Manche Menschen fragen gerne und häufig nach Begriffen und Definitionen: „Was verstehst Du (eigentlich) unter ... ?" „Welche Bedeutung hat für Sie der Begriff ...?" „Wie definierst Du ...?"

Weisen Sie Definitionsverliebte und Begriffe-Abfrager darauf hin, dass es um die Klärung einer Frage, um das Verständnis eines Problems geht und nicht um Definitionswissen:

- „Bei allem Respekt vor Deiner Vorliebe für Definitionen, mir geht es im Moment darum ..."
- „Warum ist eine Definition so wichtig?"

Sie dürfen auch dezent bildungsbürgern: „Ich halte es mit Ludwig Marcuse: ‚Die meisten Definitionen sind Konfessionen.'"

Wie Sie auf Scheinargumente reagieren können, erläutere ich im Online-Angebot.

Kurz und gut

Unsicherheitssignale schmälern die Wirkung Ihrer Diskussionsbeiträge. Mit kurzen und prägnanten Sätzen, klarer Betonung und anderen Verstärkern machen Sie deutlich, dass Sie etwas zu sagen haben.

Wenn Ihnen der Diskussionsverlauf missfällt, sollten Sie *rechtzeitig* und *präzise* beschreiben, was Sie aus welchen Gründen stört und deshalb geändert werden soll.

18 Wie leite ich zielorientiert Diskussionen?

Wer eine Diskussion leitet, sollte dafür sorgen, dass alle Teilnehmer*innen die gleichen Chancen haben, zu Wort zu kommen. Die Diskussionsleiterin sollte das Thema und die Teilnehmer in den Mittelpunkt stellen, das Diskussionsziel und die Zeit im Blick haben – und sich sorgfältig vorbereiten.

Wenn Sie in einem Seminar (oder in einem anderen Zusammenhang) die Diskussionsleitung übernehmen können, nutzen Sie diese Möglichkeit. Es ist eine Chance, etwas Nützliches zu lernen – fürs Leben. Als erste Übungsschritte bieten sich Diskussionen an, bei denen sich die Leitung darauf beschränkt, Wortmeldungen zu registrieren und auf die korrekte Reihenfolge der Redebeiträge zu achten.

Der nächste Schritt: Diskussionen, bei denen die Leitung eine größere Rolle spielt, die Diskussion strukturiert und dafür sorgt, dass alle Teilnehmer*innen die gleichen Chancen haben, sich an der Diskussion zu beteiligen. Um diese Aufgabe geht es auf den nächsten Seiten. Ich habe dabei Diskussionen im Blick, die in einem förmlichen Rahmen stattfinden. Manche Erläuterungen gehen daher über die Anforderungen hinaus, die sich in einem Seminar mit legeren Umgangsformen stellen, in dem die Teilnehmer*innen einander kennen. Nach meinen Erfahrungen kann der eine oder andere Hinweis über verbindliche Umgangsformen auch im Seminaralltag nützlich sein.

1. Sorgfältig vorbereiten

Sie brauchen Klarheit über die folgenden fünf Punkte, wenn Sie die Leitung einer Diskussion übernommen haben:
- Welches *Ziel* wird mit der Diskussion verfolgt?
- *Wer* nimmt teil?

- Welche *Fragen oder Probleme* sollen im Mittelpunkt stehen?
- In welcher *Reihenfolge* sollen diese Fragen und Probleme besprochen werden?
- Wie viel *Zeit* steht zur Verfügung?

Mit anderen Worten: Bereiten Sie sich sorgfältig vor.

2. Souverän eröffnen

Zur Einleitung einer Diskussion, bei der die Teilnehmerinnen einander kennen, gehören die Begrüßung und die Eröffnung.

Ich empfehle, schlicht einzuleiten: „Ich begrüße sie (euch) sehr herzlich und eröffne die Diskussion."

So misslingt jede Eröffnung:

- „Leider konnten wir wieder nicht pünktlich anfangen."
- „Wieder einmal fehlen zwei Seminarteilnehmer."

Stimmen Sie positiv ein, seien Sie zuversichtlich, freuen Sie sich, zum Beispiel einen Planungsprozess abschließen zu können, eine harte Nuss zu knacken ...

Genauso peinlich wie der Tadel ist das Lob: „Schön, dass heute alle pünktlich erschienen sind."

Liegt eine *Tagesordnung* vor, folgt deren Vorstellung:

- Welche Themen sollen in welcher Reihenfolge behandelt werden?
- Wie lange dauert die Diskussion?
- Wann ist eine Pause vorgesehen?

Daran schließt sich die Frage an, ob es Änderungswünsche oder Ergänzungsvorschläge gibt. Ist dies der Fall und die Mehrheit für diese Änderungen oder Ergänzungen, wird die Tagesordnung entsprechend verändert. Gibt es keine feste Tagesordnung, sammelt die Diskussionsleitung Vorschläge zur Tagesordnung und zur Reihenfolge, in der die einzelnen Punkte behandelt werden sollen.

In der Überleitung zur Diskussion werden kurz das erste Thema und das Ziel der Diskussion erläutert. Sollte es notwendig sein, wird das Thema in Teilthemen gegliedert. Ein Beispiel:

„Wir haben beim letzten Mal vereinbart, uns heute mit der Frage zu beschäftigen ...

Ziel unserer Diskussion ist ...

Unser Thema hat verschiedene Aspekte: einen organisatorischen, einen finanziellen und einen strukturellen.

Da diese Aspekte zusammenhängen, sollten wir nicht diskutieren, mit welchem Aspekt wir anfangen, sondern gleich in die Diskussion einsteigen.

Ich schlage vor, dass wir zunächst ... diskutieren."

Die Diskussion wird mit einer Frage eröffnet. Die Eingangsfrage richtet sich an alle. Sie sollte *kurz* und *verständlich* sein und *offen* formuliert werden. Offene Fragen können nicht mit „ja" oder „nein" beantwortet werden: „Wie beurteilen Sie diese Feststellung?" Statt: „Stimmen Sie dieser Feststellung zu?" Offene Fragen lassen unterschiedliche Antworten zu und geben den Teilnehmern einen Spielraum.

3. Umsichtig in Gang halten

Während vieler Diskussionen habe ich auf die Uhr geschaut – noch 40, noch 20, noch 10 Minuten, fast geschafft –, weil der Verlauf stockend und unstrukturiert war, weil einige dominierten und andere konsequent schwiegen.

Was hilft, sich und anderen solche Erfahrungen zu ersparen?

Die Diskussion überschaubar machen

Die Teilnehmer können einer Diskussion dann am besten folgen, wenn durch Zwischen-Zusammenfassungen deutlich gemacht wird, in welchen Punkten Übereinstimmung besteht, wo Differenzen liegen, welche Fragen geklärt und welche noch offen sind.

Ziel und Thema im Auge behalten

In engagiert geführten Diskussionen werden manchmal wesentliche Gesichtspunkte vergessen, oder das Diskussionsziel gerät aus dem Blick. Aufgabe der Diskussionsleitung ist es,
• an die Themen- bzw. Zielstellung der Diskussion zu erinnern,
• zum Thema zurückzuführen,

- Fragen auszuklammern, die in der Diskussion nicht geklärt werden können,
- die Diskussion zwischen „Eingeweihten" zu verhindern, die über die Köpfe der übrigen Teilnehmerinnen hinwegreden.

Argumente prüfen

Eine Diskussion gewinnt in dem Maße, in dem es der Leitung gelingt, die Beiträge auf die Fragestellung zu lenken. Geht es zum Beispiel darum, ob Gendern ein erstrebenswertes Ziel ist, sind Überlegungen zur Verbindlichkeit geschlechtergerechter Sprache so lange zurückzustellen, bis diese Frage geklärt ist.

Hilfestellungen geben

Alle sollten die Chance haben, sich gleichberechtigt an der Diskussion zu beteiligen. Das heißt zum einen: niemanden zu bevorzugen. Das kann zum anderen bedeuten: Teilnehmer, die zurückhaltend sind oder denen die Erfahrung mit Diskussionsrunden fehlt, durch Ermunterung und Formulierungshilfen zu unterstützen.

Ermunterung: Haben Sie den Eindruck, jemand möchte etwas sagen, zögert aber, sollten Sie die Betreffende ermuntern: „Robert, wolltest Du etwas sagen?" „Annalena, hattest Du Dich gemeldet?"

Unangemessen sind *direkte* Aufforderungen: „Omid, jetzt sag doch mal etwas." „Ricarda, von Dir habe ich noch gar nichts gehört."

Bei zentralen Fragen kann es indes sinnvoll sein, alle Teilnehmerinnen und Teilnehmer aufzufordern, reihum Stellung zu nehmen.

Formulierungshilfen: Die Diskussionsleiterin sollte helfen, sucht ein Teilnehmer nach einem treffenden Begriff, verunglückt ihm ein Satz. Der Diskussionsleiter sollte eine Interpretation anbieten, wenn nicht deutlich wurde, was die betreffende Person meint: „Wenn ich Dich richtig verstanden habe, meinst Du, dass ..."

Stockungen überwinden

Gerät eine Diskussion ins Stocken, sollte der Moderator durch Fragen die Diskussion wieder in Gang bringen.

Hilfreich sind: offene, provokative und Informationsfragen. Nicht zweckdienlich sind banale Fragen (Wer schnitt gestern bei den Kommunalwahlen am besten ab?) und Suggestivfragen (Da wir gerade beim Thema „Gefahren für die Demokratie" sind, was halten Sie von der Politik der FPÖ?). Vorsicht ist geboten bei gezielten Fragen, die viele unangenehm an die Schule erinnern (Was ist unter *Bruttosozialprodukt* zu verstehen?).

Vermeiden sollten Sie Zwiegespräche mit einer Teilnehmerin oder einem Teilnehmer.

Für einen fairen Diskussionsstil sorgen

Die Diskussionsleiterin hat nicht die Aufgabe, Beiträge zu bewerten. Es ist die Aufgabe des Moderators, Unterstellungen oder persönliche Angriffe zurückzuweisen: „Bitte unterlasse persönliche Angriffe." Um eine faire Diskussion zu gewährleisten, ist es auch gestattet, unsachliche Teilnehmerinnen zu unterbrechen: „Bitte bleib' sachlich und vermeide Unterstellungen."

Respekt

Ein stiller Teilnehmer kann müde, eine schweigsame Teilnehmerin bedrückt sein. Und es gibt noch mehr gute Gründe, sich *nicht* an einer Diskussion zu beteiligen. Deshalb sollte eine Diskussionsleiterin zurückhaltend sein mit Typisierungen (der Schüchterne, die Schweigerin), Aufforderungen („Willst Du nicht auch was sagen?") oder Spekulationen („Langweilst Du Dich?").

4. Sachlich und freundlich beenden

Eine Diskussion wird mit einer Zusammenfassung geschlossen: Welche
- *Ergebnisse* wurden erzielt?
- *Übereinstimmungen* und welche Differenzen haben sich gezeigt?
- *Fragen* wurden geklärt und welche blieben offen?
- *Schlussfolgerungen* können für die weitere Diskussion gezogen werden?

Die Zusammenfassung muss objektiv und sachlich sein. Vor allem dann, wenn Abstimmungen folgen, Beschlüsse zu fassen oder Entscheidungen zu fällen sind.

Am Ende der Diskussion steht der schlichte *Dank* an alle Beteiligten und ein freundliches Wort: „Vielen Dank für ihre rege Beteiligung. Auf Wiedersehen (gute Heimfahrt, vergnügtes Wochenende)."

Wenn Sie Leitung einer Podiumsdiskussion übernehmen, lohnt die Lektüre der folgenden Seiten.

Kurz und gut

Eine *gute* Diskussionsleitung stellt das Thema und die Diskussionsteilnehmer*innen in den Mittelpunkt, achtet auf die Zeit, hat das Diskussionsziel im Blick, sorgt für einen fairen Diskussionsstil und dafür, dass alle Teilnehmer*innen die gleiche Chance haben, zu Wort zu kommen. Eine *gute* Diskussionsleitung eröffnet und beendet die Diskussion schlicht und freundlich.

19 Wie gelingen mir Moderationen?

Gute Moderator*innen kümmern sich umsichtig um ihre Gäste, um die Redner*innen und das Publikum.
Das englische *Host* bringt diese Rolle gut zum Ausdruck.
Umsichtig meint: Die Moderatorin bereitet sich sorgfältig vor.
Der Moderator rückt die ins rechte Licht, die vortragen, lesen oder diskutieren. Und Moderator*innen achten darauf, dass die Zuhörer*innen auf ihre Kosten kommen.

Nichts ist unmöglich: Ihr Dozent hat eine Expertin eingeladen, einen Vortrag über rechtspopulistische Einstellungen zu halten. Und Sie übernehmen die Moderation.

Der ASTA organisiert eine Podiumsdiskussion zur Frage, wie radikal Klimaschutzprotest sein darf. Und Sie übernehmen die Diskussionsleitung.

Ihrem Fachbereich ist es gelungen, eine bekannte Schriftstellerin für eine Lesung zu gewinnen. Und Sie übernehmen die Moderation.

Diese Herausforderung wollen Sie erfolgreich bestreiten. Worauf kommt es an? Zunächst auf eine gründliche Vorbereitung. Und darauf:

* gekonnt eröffnen und den Gast bzw. die Teilnehmer*innen ins rechte Licht rücken,
* das Publikum einbeziehen,
* Störungen beheben,
* gekonnt schließen: danken und verabschieden.

Gründlich vorbereiten

Für die Talk-Runde von Louis Klamroth oder Maybrit Illner arbeitet ein großer Stab. Der steht Ihnen nicht zur Verfügung. Aber die Möglichkeit, sich sorgfältig vorzubereiten.

Die Moderator*innen-Rolle

Wer moderiert, ist Leitperson der Lesung oder Podiumsdiskussion. Damit daraus kein Leiden erwächst, kommt es darauf an, diese Rolle auch tatsächlich anzunehmen. Das erfordert:

- Gäste in den Mittelpunkt zu stellen,
- das Publikum wertzuschätzen,
- sich zurückzunehmen und
- Gespräche und Diskussionen neutral zu moderieren.

Moderieren heißt *mäßigen*. Wenn damit gemeint ist, auf Sachlichkeit zu achten und ein Mindestmaß an Höflichkeit sicherzustellen, dann ist *mäßigen* richtig verstanden. Moderieren wird missverstanden, wenn darin die Aufgabe gesehen wird, Widersprüche zu glätten oder Differenzen zu überbrücken.

Mäßigen kann zudem bedeuten: Dampfplauder*innen zu stoppen, um Raum für produktive Beiträge zu schaffen. Das gehört zur Moderationsrolle. Wer sie übernimmt, sollte deshalb keine Scheu haben, auf Regeln zu achten und Grenzen zu setzen, verbale gelbe und rote Karten zu zeigen – ohne Ansehen der Person.

Inhalte und Teilnehmer*innen

Ob Gastvortrag, Lesung oder Podiumsdiskussion: Machen Sie sich mit der Vita der Gäste, ihren Themen und Veröffentlichungen vertraut.

Es kommt nicht darauf an, den gesamten Lebenslauf des Gastes zu kennen (oder gar vorzutragen), sondern die Lebensstationen oder Leistungen, die ihn zum *interessanten* Gast machen. Hilfreich sind vier Orientierungspunkte: Der Gast *ist, war, gilt* und *meint*.

- *Ist* Professorin an der Friedrich-Schiller-Universität Jena und hat sich mit zahlreichen Veröffentlichungen über Rechtspopulismus und Rechtsextremismus einen Namen gemacht.
- *War* Gastprofessorin an der University of Oxford und der Harvard University.
- *Gilt* als eine der einflussreichsten Politikwissenschaftlerinnen Deutschlands.
- *Meint,* wer über Rechtsextremismus redet, darf über den Kapitalismus nicht schweigen.

Schon häufig habe ich mich fremdgeschämt für Moderatoren, die mit dem Hinweis einleiten, sie verstünden nichts von *Gentechnologie* oder *feministischer Architektur*, von *Baurecht* oder *Sportpsychologie*; sie seien deshalb gespannt, „was wir zu hören bekommen". Für die Moderation eines Vortrags ist es unerlässlich, sich mit dem Vortragsthema vertraut zu machen. Andernfalls gelingt weder eine interessante Einführung noch können spannende Fragen gestellt werden.

Zur Vorbereitung gehört die Verständigung mit dem Gast, ob er jede Frage einzeln beantworten will. Oder ob er es bevorzugt, dass zunächst eine Reihe von Fragen gesammelt werden sollen. Und selbst die prominentesten Gäste müssen darauf verpflichtet werden, die vereinbarte Redezeit unbedingt einzuhalten.

Bei *Podiumsdiskussionen* ist es besonders wichtig, sowohl über das Thema als auch über die Teilnehmer*innen gut informiert zu sein, um sich darauf vorzubereiten, gegensätzliche Positionen herausstellen zu können.

Und Sie müssen ein wenig rechnen: Wie viel Themenaspekte können in 60 Minuten, es dürfen auch 75 sein, bei vier oder fünf Teilnehmer*innen behandelt werden? Mein Tipp: Planen Sie bei einer Stunde nicht mehr als vier Aspekte ein, soll Tiefe vor Masse gehen.

Ein Vorgespräch mit den Teilnehmer*innen ist unverzichtbar: Erläutern Sie, wie Sie sich die Diskussion wünschen. Werben Sie für eine faire, lebhafte und verständliche Auseinandersetzung. Ermuntern Sie, miteinander zu reden und nicht darauf zu warten, bis ihnen das Wort erteilt wird.

Gekonnt eröffnen und vorstellen

Sie können zunächst das Publikum begrüßen und dann den Gast. Zum Beispiel so:

> „Guten Abend ... (mehr zur Anrede auf Seite 126f.)
> Schön, dass sie unsere Einladung angenommen haben, sich näher über rechtspopulistische Einstellungen in Deutschland zu informieren.
> Ich freue mich, eine ausgewiesene Expertin zu begrüßen. Herzlich willkommen, Dr. Britta Schellenberg."

Oder Sie begrüßen zunächst das Publikum und leiten dann mit einer kurzen inhaltlichen Aussage zum Gast über:

> „Herzlich willkommen …
> Ich habe eine gute und eine schlechte Nachricht.
> Die schlechte zuerst: 256 Jahre dauert es noch, so das Ergebnis einer Studie von 2019, bis Frauen an Macht und Wohlstand in der Weltwirtschaft aufgeholt haben, wenn es mit der Gleichstellung im bisherigen Tempo weitergeht.
> Die gute Nachricht: Es ist uns gelungen, eine Expertin zu gewinnen, die dieses Ergebnis, veröffentlicht vom World Economic Forum, nicht nur aufschlüsseln kann, sondern auch Vorschläge hat, wie dieser Prozess beschleunigt werden kann.
> Guten Abend und herzlich willkommen, Jutta Allmendinger.
> Unser Gast ist Präsidentin des Wissenschaftszentrums Berlin für Sozialforschung. 2022 übernahm sie den Vorsitz des Gender Equality Advisory Councils der G-7-Staaten. 2022 übergab sie die Empfehlungen des G-7-Gleichstellungsbeirats an Bundeskanzler Scholz."

Sie können sich bei der Begrüßung auch an das Publikum wenden: „Bitte begrüßen Sie mit mir die Kulturstaatsministerin Claudia Roth."

Der Gast steht bei der Vorstellung im Mittelpunkt. Vermitteln Sie den Zuhörenden die Gewissheit, es war eine gute Entscheidung, zu diesem Vortrag, zu dieser Lesung zu kommen. Loben Sie den Redner, freuen Sie sich, dass die Autorin zur Lesung gekommen ist. Aber übertreiben Sie nicht. Übertriebenes Lob ist den meisten Menschen peinlich. Überschwängliche Freude irritiert das Publikum. Zu viele Vorschusslorbeeren steigern die Erwartungshaltung immens.

Weitere Don'ts bei der Vorstellung sind:

- Den Vornamen weglassen. Nennen Sie bei der Vorstellung Vor- und Nachname – ohne *Herr* oder *Frau*.
- Titelreihungen: Nennen Sie nur den höchsten Titel (Professor Cem Yücel, nicht Professor Dr. Cem Yücel).
- Die Formulierung „Ich erteile … das Wort". Diese altbackene Redeerlaubnis sollten Sie sich und den Zuhörer*innen ersparen.

Vermeiden Sie Anrede-Ketten bei *Begrüßungen*: „Sehr verehrte Frau Kultusministerin, sehr geehrter Präsident, meine Damen und Herren, liebe Studentinnen und Studenten."[17]

Das langweilt. Halten Sie die Anrede kurz. Sollte es unumgänglich sein, bestimmte Personen zu erwähnen, versuchen Sie, die Anrede in die Einleitung zu integrieren:

> „Es ist ein gutes Zeichen, wenn die Politik in die Hochschule kommt, um zu hören, was Studierende und Lehrende meinen. Herzlich willkommen, Frau Olschowski.
>
> In den vergangenen Jahren haben wir wiederholt vor ihrem Ministerium demonstriert, um auf unsere Forderungen aufmerksam zu machen. Ich freue mich, dass *Sie* zu uns gekommen sind.
>
> Ich freue mich auch darüber, dass viele Lehrende gekommen sind. Ich werte das als Interesse an unseren Anliegen.
>
> Und natürlich freue ich mich, dass so viele Studentinnen und Studenten gekommen sind. Hallo und guten Abend."

Podiumsdiskussion

Für Podiumsdiskussionen empfehle ich folgenden Dreischritt: das Publikum begrüßen, die Teilnehmer*innen vorstellen und die Diskussion eröffnen.

Das Publikum muss nicht im ersten Satz begrüßt werden. Sie können mit einem „Appetizer" beginnen. Zum Beispiel so:

> „In 256 Jahren werden Frauen den gleichen Anteil an Macht und Wohlstand haben wie Männer. Wenn es in dem bisherigen Tempo der Gleichstellung weitergeht.
>
> Guten Abend, meine Damen und Herren. Herzlich willkommen zu unserer Podiumsdiskussion.
>
> Warum ist das so? Warum ist der Gleichstellungsfortschritt eine Schnecke?
>
> Antworten auf diese Fragen können sie von den Expertinnen und Experten erwarten, die ich ganz herzlich begrüße."

---

17 Die US-Amerikanerin Lorraine Daston, Autorin einer Geschichte der Regeln, weist darauf hin, dass sich im „deutschen Protokoll", in der Hervorhebung von Amts- und Würdenträger*innen „eine Vorstellung von gesellschaftlicher Hierarchie" spiegelt (Zit. in Murašov 2023, 22).

Bei der Vorstellung der Diskussionsteilnehmer*innen können Sie
sich an TV-Talkrunden orientieren: Die kurze Vorstellung, die sich
auf die aktuelle Tätigkeit und themenbezogene Qualifikationen
oder Ämter bezieht, wird um einen Satz ergänzt, in dem die Position der Teilnehmerin zusammengefasst wird:

> „Dr. Ayla Özkan ist Gleichstellungsbeauftragte der Universität ABC und
> Sprecherin der Kommission XYZ der Bundeskonferenz der Frauen und
> Gleichstellungsbeauftragten an Hochschulen.
> Sie meint: Gewalt gegen Frauen erhält von der Politik noch immer nicht
> die Aufmerksamkeit, die notwendig wäre, um spürbare Veränderungen
> zu erreichen.
> Herzlich willkommen, Frau Dr. Özkan."

Die Vorstellung sollte von rechts nach links (oder umgekehrt) er-
folgen – nicht nach Hierarchie-Gesichtspunkten und nicht zuerst
Frauen, dann Männer.

Wechseln Sie den Begrüßungssatz: Herzlich willkommen, Emilia
Fester. Schön, dass Sie bei uns sind, Niklas Goldstein. Guten
Abend, Dr. Dilara Alef-Sund.

Das Publikum einbeziehen

Nach dem Vortrag oder der Lesung und dem Applaus der Zuhöre-
rinnen danken Sie dem oder der Redner*in. Entweder schlicht:
„Vielen Dank, Frau Dr. Abdi." Oder ein wenig nachdrücklicher:
„Herzlichen Dank für diesen aufschlussreichen Vortrag." „1000
Dank für diesen wunderbaren (berührenden, spannenden) Text."

Sind Fragen des Publikums vorgesehen: „Vielen Dank, Frau Dr.
Abdi. Haben Sie, habt ihr Fragen an Frau Abdi?"

Oder Sie machen die Eisbrecherin: „Vielen Dank, Frau Dr. Abdi.
Ich nehme mir, bevor sie dran sind, meine Damen und Herren, das
Recht der ersten Frage: Wie gelang es Ihnen, Frau Abdi, diese ...?"

Ich empfehle, vor der Fragerunde Regeln zu nennen: Fragen müssen wirklich Fragen sein und kein Koreferat.

Haben Sie sich mit dem Gast darauf verständigt, Fragen zu
sammeln, sollten Sie nach vier bis fünf Fragen den Gast antworten
lassen. Machen Sie sich Notizen, um sicherzustellen, dass keine
Frage untergeht.

Und das sollten Sie nach einem Vortrag und während der Fragerunde vermeiden:
* Versuchen, den Vortrag zusammenzufassen. *Ihr* Publikum hört
  aufmerksam zu und braucht keine Nachhilfe.
* Die Fragen des Publikums bewerten. Sowohl Lob („Eine sehr
  interessante Frage") als auch Tadel („Das hat Frau Dr. Abdi doch
  hinreichend deutlich gemacht") kommen nicht gut an.

Für den Stil des Referenten oder der Lesenden sind Sie nicht ver-
antwortlich. Reagiert eine Schriftstellerin genervt auf Fragen, die
sie oft hört („Wo tanken Sie Ihre Inspirationen?"), antwortet ein
Autor harsch auf die Bemerkung einer Zuhörerin, sie fände sich
„als Frau in seinen Texten nicht wieder" – können Sie ihm oder ihr
dezent die Hand auf den Unterarm legen. Müssen Sie aber nicht;
und auch nicht hektisch werden. Ihre Verantwortung setzt erst
dann wieder ein, wenn aus diesen Reaktionen Zwiegespräche entstehen (die Sie im Interesse des Publikums beenden sollten).
  Und wenn ...

... keine Fragen kommen?

Wenden Sie es positiv:
* „Sie haben umfassend informiert, Frau Abdi. Großes Kompliment und noch einmal herzlichen Dank."
* „Ihr Text war so beeindruckend, dass Fragen als trivial erscheinen mögen. Sicher gehe nicht nur ich mit starken Eindrücken
  nach Hause. Vielen Dank, Herr Lucks."

... der eine oder die andere geht.

Nehmen Sie es kommentarlos hin und nicht persönlich.

... der Gast monologisiert, statt Fragen zu beantworten?

Sie sind dem Publikum verpflichtet. Deshalb sollten Sie – freundlich – unterbrechen. Die Zuhörer*innen werden es Ihnen danken.
Sie können eine *Atempause nutzen*, um zu weiteren Fragen aufzufordern. Sie können sich in einen *Satz* Ihrer Gesprächspartnerin

einfädeln und ihn zu Ende führen. Um dann die nächste Frage anzuschließen. Schließlich können Sie strikter unterbrechen: *Sprechen* Sie Ihr Gegenüber mit dem *Namen an*. Ihr Gesprächspartner wird eine kurze Pause machen. Diese Unterbrechung nutzen Sie und fragen nach oder bitten das Publikum um weitere Fragen.

... in der ersten Reihe jemand E-Mails checkt?

Das mag Sie stören, aber niemanden in der zweiten bis zur letzten Reihe: Ignorieren Sie diese Unhöflichkeit.

... ein Smartphone klingelt?

Siehe Seite 89.

... Teilnehmer*innen sich nicht an die Regeln halten und stören?

Darum geht es im Folgenden.

Störungen beheben

Das Publikum soll sich wohlfühlen. Der Gast auch. Deshalb sollten Sie, hebt ein Zuhörer nach einem Vortrag zu einem Koreferat an oder will eine Zuhörerin nach einer Lesung über das Wesen der Kultur belehren, freundlich und bestimmt darauf hinweisen, man möge die Chance nutzen, Fragen an den Gast stellen zu können: „Wie lautet Ihre Frage an Frau Dr. Abdi?"

Sorgen Sie dafür, dass diskutiert und nicht monologisiert wird, wenn eine Diskussion mit dem Publikum vorgesehen ist. Die Hinweise zum Vielredner (S. 114) helfen.

Bei Störungen durch Zwischenrufe kommt es darauf an, ruhig und sachlich zu bleiben. Gelingt Ihnen das, ist das Publikum auf Ihrer Seite. Drei Beispiele:

- „Die lautstarken Bemerkungen des Herrn im grünen Pullover sind ein Hinweis darauf, dass man durchaus unterschiedlicher Meinung sein kann, ob die Justiz hinreichend immun gegen Rechtsextremismus ist. Wir möchten jetzt – bitte ungestört – weiter hören, was unser Gast, was Dr. Schellenberg zu dieser Frage herausgefunden hat."

- „Ich höre den Wunsch nach einer Pause. In wenigen Minuten wird dieser Wunsch erfüllt. In wenigen Minuten stehen für sie heiße und kalte Getränke bereit. Bis dahin klären wir mit Frau Schellenbergs Hilfe weiter die Frage, ob ...".
- „Empörung hilft nicht weiter. Zuhören schon. Darum bitte ich Sie."

Meinen Sie, bei einem hartnäckigen Störer sei die Unterstützung des Publikums hilfreich, ergänzen Sie: „... Und für diese Bitte hätte ich gerne ihren Applaus, meine Damen und Herren." Den bekommen Sie.

Wird ein Einwand in viel Polemik verpackt, greifen Sie nur den sachlichen Kern auf. Ein Beispiel: „Die Thesen von Frau Dr. Abdi sind doch total Banane. Neue Untersuchungen belegen, dass ...".

Werden Sie nicht polemisch. Sie riskieren, sich beim Publikum unbeliebt zu machen. Die unaufgeregte Reaktion: „Vielen Dank für den Hinweis auf neuere Untersuchungen. Frau Abdi, möchten Sie auf die Kritik eingehen?"

Gekonnt schließen: danken und verabschieden

Sind die geplanten 60 oder 90 Minuten um, fordern Sie zur letzten Frage auf. Sie dürfen als Moderator*in bestimmen, wann die Veranstaltung zu Ende ist.

Sagen Sie nicht, die Zeit sei um. Bauen Sie diese Tatsache positiv in den Dank an den Referenten ein: „Das waren spannende 90 Minuten. Und dass die Zeit wie im Fluge verging, ist vielleicht das größte Kompliment, das man machen kann, Frau Dr. Hammerbacher. Vielen Dank, dass Sie bei uns waren."

Dem Publikum sollten Sie weiterhin einen schönen (anregenden ...) Abend wünschen. Und einen Abschiedsgruß (Tschüss, auf Wiedersehen, alles Gute) nicht vergessen.

Bei *Podiumsdiskussionen* erhalten die Teilnehmer*innen Gelegenheit zu einem *Schlusswort*. Ich rate wiederum zu einer Anleihe bei TV-Talks: Statt des klassischen Schlussworts wird eine Frage vorgegeben.

Die Moderatorin kann auch bitten, einen themenbezogenen Satz zu vervollständigen. „Bitte beenden Sie folgenden Satz: *Die FDP ist für den Klimaschutz ...*"

Eine Variante dieser Form des Schlusswortes könnte so lauten: „Bitte formulieren Sie einen neuen § 1 des Tierschutzgesetzes."

Bei einer Podiumsdiskussion ist der *Dank* an die Teilnehmer*innen das Signal für das Publikum zu applaudieren. Ein Beispiel: „Wir haben sehr unterschiedliche Analysen gehört. Und die übereinstimmende Auffassung, dass mehr gegen Gewalt in der Schule getan werden muss. Vielen Dank für die erhellenden Beiträge, Frau ABC, Herr XYZ ...."

„Sie waren ein wundervolles Publikum." Diesen Satz hat man schon zu oft in Talkshows gehört. Ich rate davon ab, zu schmeicheln und zu danken. Wünschen Sie vielmehr dem Publikum etwas:

*   „Kommt gut nach Hause. Tschüss und auf Wiedersehen."
*   „Ich wünsche allen noch anregende Gespräche auf dem Nachhauseweg."
*   Oder (freitags oder sonntags): „Ich wünsche Euch ein vergnügtes Wochenende." „Kommen Sie gut in die neue Woche. Auf Wiedersehen."

Kurz und gut

Soll eine Moderation gelingen, ist eine gründliche Vorbereitung unerlässlich: auf das Thema und den Gast bzw. die Gäste. Moderator*innen sind dem Publikum verpflichtet. Das erfordert Vorgespräche mit dem Gast oder den Diskussionsteilnehmer*innen. Und das macht es notwendig, dafür zu sorgen, dass Kommunikationsregeln eingehalten werden.

20 Warum und wie sollte ich mir Feedback holen?

Holen Sie sich Rückmeldungen zu Ihren Referaten, um Stärken auszubauen und Unsicherheiten abzubauen.

Achten Sie darauf, dass Sie konkrete und konstruktive Rückmeldungen erhalten. Ein Beobachtungsbogen ist eine nützliche Feedback-Hilfe.

Was tun, wenn Sie unsicher sind, ob Ihr Auftritt gelungen ist? Was tun, wenn die Dozentin sich auf kurze Anmerkungen zum Inhalt Ihrer Präsentation beschränkt?

Sorgen Sie selbst für ein Feedback. Durch Rückmeldungen erfahren Sie, wie Sie auf andere wirken. Feedback ermöglicht Lernen.

Sagen Sie einer Personen Ihres Vertrauens, warum Sie ein Feedback wollen: „Der Dozent hält sich mit Feedbacks zurück, er kommentiert meist nur den Inhalt von Referaten." Und teilen Sie mit, ob Sie etwas besonders interessiert: „Spreche ich zu schnell?" Oder: „Hätte ich mehr Beispiele bringen müssen?"

Feedbacks müssen, sollen Sie Ihnen nutzen, drei Anforderungen erfüllen:

1. *Beschreiben:* Bestehen Sie auf *konkrete* Beschreibungen des Verhaltens, das er oder sie beobachtet hat. Zum Beispiel: „Du hast kontlnuierlich an Deinem Hemd gezupft." Fragen Sie nach, wenn die rückmeldende Person nicht konkret beschreibt. Zum Beispiel: „Was meinst Du mit *so abstrakt?"*

2. Zu diesen Beobachtungen wird persönlich Stellung genommen, eine Ich-Aussage getroffen:
   - „Das machte auf *mich* den Eindruck von Nervosität."
   - „*Ich* hatte den Eindruck, Du fühlst Dich nicht wohl."

3. Es wird informiert, welche Reaktion das beobachtete Verhalten auslöst:
   - „Mich stört das nicht, weil ich Dir gut folgen konnte."

- „Das hat sich auf mich übertragen. Deshalb habe ich mich auch nicht wohlgefühlt."

Sie sollten, um von der gewünschten Rückmeldung zu profitieren, ebenfalls auf drei Feedback-Regeln achten:
1. Hören Sie ruhig zu, lassen Sie Ihr Gegenüber ausreden.
2. Fragen Sie nach, wenn Sie eine Anmerkung nicht verstanden haben.
3. Rechtfertigen Sie sich nicht.

Sie müssen sich nicht sofort entscheiden, ob Sie die Bewertung übernehmen und aus der Rückmeldung Konsequenzen ziehen wollen. Sie sollten sich bedanken, wenn Sie das Feedback als wertschätzend und hilfreich erlebt haben.

Und wenn Sie gute Rückmeldungen erhalten? Freuen Sie sich (und fragen Sie nach, wenn nicht konkret beschrieben wurde: „Was fandest Du toll?"). Relativieren Sie das Lob nicht. Wenn *Sie* sich freuen, freut sich auch Ihr Gegenüber, dass es Ihnen eine Freude gemacht hat. Deshalb:
- „Das freut mich."
- „Das höre ich sehr gerne."
- „Ich bin jetzt etwas verlegen, noch mehr freue ich mich jedoch."

Sie können die vorangegangenen Kapitel nutzen, um einen Beobachtungsbogen zu entwickeln, den Sie einer Kommilitonin, einem Kommilitonen vor Ihrem Referat geben. Ein Beispiel finden Sie auf den Online-Seiten.

Kurz und gut

Rückmeldungen ermöglichen Entwicklung. Hilfreich sind Rückmeldungen dann, wenn das beobachtete Verhalten konkret beschrieben und mitgeteilt wird, welchen Eindruck dieses Verhalten auf die Person macht, die Ihnen ein Feedback gibt. Zudem sollte rückgemeldet werden, welche Reaktion dieses Verhalten auslöst. Ein Feedback-Bogen erleichtert präzise Rückmeldungen.

Das Wichtigste auf einen Blick – Zusammenfassung

Referat, Vortrag, Präsentation

Vorbereitung

- ✓ Zur professionellen Vorbereitung eines Auftritts gehört die Klärung folgender Fragen: Was soll in den Mittelpunkt gestellt werden? Was ist das Ziel der Präsentation? Wie kann das Thema für die Zuhörer*innen aufbereitet, mit welchen Belegen und Beispielen gestützt und veranschaulicht werden?
- ✓ Stellen Sie Ergebnisse, den Nutzwert Ihrer Ausführungen in den Mittelpunkt.
- ✓ Ein Manuskript ist ein unverzichtbares Hilfsmittel und Ausdruck von Höflichkeit: Sie sprechen über das, worüber Sie sich zuvor Gedanken gemacht haben. Ein Manuskript eröffnet Ihnen die Möglichkeit, präzise und eloquent zu formulieren, pointierte Zitate zu platzieren und effektvolle rhetorische Pausen zu planen.
- ✓ Nur wer probt, kann gezielt am Vortrag feilen. Sprechproben dienen dazu, sich mit dem Manuskript vertraut zu machen. Sprechen Sie den Vortrag viermal laut vor, entstehen im Kopf „Klangbilder": Für viele Formulierungen brauchen Sie nicht ins Manuskript zu schauen, über bestimmte Übergänge müssen Sie nicht mehr nachdenken, sie entstehen „wie von selbst".
- ✓ Keine Sorge: Niemand erwartet von Ihnen ein rhetorisches Feuerwerk, sondern verständlich aufbereitete Informationen. Und die Zuhörer*innen sind in der Regel nicht feindselig eingestellt. Ein Freundbild vom Publikum entlastet.

Anfang

- ✓ Die ersten Sätze sind wichtig. Dieser Dreischritt sorgt für Vorschusslorbeeren:
  - ✓ Starten Sie mit einem Aufmerksamkeitswecker.
  - ✓ Heben Sie den Nutzen Ihres Vortrags hervor.
  - ✓ Geben Sie einen Überblick über den Inhalt Ihres Referats.
- ✓ Keine Sorge II: Der erste Eindruck ist nicht entscheidend.

Hauptteil

✓ Ein Vortrag ist kein Wissensnachweis. Verstellen Sie das, was wichtig ist, nicht durch Rand- und Klammerbemerkungen: Im Hauptteil kommt es auf eine klare Struktur, einen erkennbaren roten Faden an. Beispiele und andere Publikumslieblinge helfen, die Aufmerksamkeit des Publikums aufrechtzuerhalten.

✓ Sprechen Sie in der ersten Person. Sagen Sie unmissverständlich, was *Sie* herausgefunden haben, meinen oder vorschlagen.

Schluss

✓ Der Anfang prägt. Der Schluss haftet. Schließen Sie mit einer Zusammenfassung. Und runden Sie Ihren Vortrag, wenn es sich thematisch anbietet, mit einer Take-Home-Message ab.

Körpersprache

✓ Sprechen Sie zu den Zuhörer*innen – nicht zur Projektionsfläche und nicht zum Flipchart, zur Tafel oder zum Laptop.

✓ Halten Sie kontinuierlich Blickkontakt.

✓ Sitzen oder stehen Sie aufrecht. Mit beiden Beinen fest auf dem Boden.

✓ Studieren Sie keine Gesten ein. Unterstreichen Sie das, was Sie sagen, sparsam mit den Händen.

✓ Lächeln Sie nur dann, wenn es Anlass zum Lächeln gibt.

✓ Sprechen Sie nicht „ohne Punkt und Komma", machen Sie Pausen und wechseln Sie das Sprechtempo.

Lampenfieber

✓ Konzentrieren Sie sich, sollten Sie aufgeregt sein, auf das, was Sie sagen wollen. Überfordern Sie sich nicht mit dem Wunsch, sich wohlfühlen zu müssen.

Visualisieren, Medien einsetzen

✓ Visualisieren dient vor allem dazu, komplexe Sachverhalte zu veranschaulichen, Interesse zu wecken und die Aufmerksamkeit aufrechtzuerhalten. Abbildungen sind hilfreich, wenn erläutert werden soll, was der sinnlichen Wahrnehmung nicht zugänglich ist.

✓ Eine PowerPoint-Folie ist kein Roman. Deshalb keine Textberge auf eine Folie packen. Visualisiert werden ausschließlich zentrale Aspekte der Präsentation.

✓ Professionell gestaltete Folien sind frei von PowerPoint-Schnickschnack. Bei der Foliengestaltung ist die Frage leitend: Was sollen die Zuhörer*innen den Folien entnehmen? Die Informationen auf einer Folie müssen auf einen Blick erfasst werden können.

Handout

✓ Kopien von PowerPoint-Folien ergeben noch kein Handout. Ein professionelles Handout ist eine aufbereitete Auswahl der Präsentation.

Fragen zum Referat

✓ Hören Sie Fragen nicht vorschnell als Kritik. Fragen eröffnen Ihnen die Chance, Ihre Kompetenzen unter Beweis zu stellen.

✓ Fragen sind kein Grund zur Hektik. Sie müssen nicht „wie aus der Pistole geschossen" antworten. Schlagfertigkeit ist kein Gütekriterium der Wissenschaft.

✓ Sie bestimmen, ob und was Sie auf eine Frage antworten: Lassen Sie sich den Antwortraum nicht vorgeben.

✓ Lassen Sie nie Fragen unbeantwortet, die mit Kritik verbunden sind. Gehen Sie zunächst auf die Kritik ein.

Diskussion bestreiten und leiten, moderieren

Bestreiten

✓ Stellen Sie Ihr Licht nicht unter den Scheffel: Vermeiden Sie sprachliche Unsicherheitssignale.

✓ Lassen Sie sich von Störer*innen nicht nerven: Stellen Sie freundlich, aber bestimmt ab, was Sie stört.

✓ Bestehen Sie auf rationaler Argumentation.

Leiten

✓ Gute Vorbereitung ist das A und O einer gekonnten Diskussionsleitung. Bei einer *Podiumsdiskussion* ist es neben der inhaltlichen Vorbereitung erforderlich, sich ausführlich über die
Diskussionsteilnehmer*innen zu informieren.

✓ Zur inhaltlichen Vorbereitung einer Podiumsdiskussion gehört
die Planung, wie viele und welche Themenaspekte in welcher
Reihenfolge angesprochen werden sollen.

✓ Eröffnen Sie eine Diskussion mit einer *offenen* Frage. Richten
Sie bei einer Podiumsdiskussion diese Frage nicht an alle, sondern an eine Person.

✓ Offene Fragen sind das Mittel der Wahl, um Stockungen des
Diskussionsverlaufs zu überwinden.

✓ Behandeln Sie alle Teilnehmer*innen gleich.

Moderieren

✓ Rücken Sie den Vortragenden, die Lesende ins rechte Licht.

✓ Gute Moderator*innen haben das Publikum im Blick: Kann es
inhaltlich folgen? Wird auf seine Fragen eingegangen?

✓ Vermitteln Sie den Zuhörenden die Gewissheit, dass es eine
gute Entscheidung war, zu diesem Vortrag (dieser Lesung oder
Podiumsdiskussion) zu kommen.

✓ Reagieren Sie auf Störungen aus dem Publikum gelassen. Bleiben Sie höflich, kontern Sie nicht. Wenn es notwendig ist: Störer
freundlich, aber bestimmt zur Ordnung rufen.

✓ Begrüßen und verabschieden Sie Gäste und Publikum originell,
frei von abgegriffenen Formulierungen und Phrasen.

Literatur[18]

Adorno, Theodor W. 1962: Philosophie und Lehrer. In Ders.: Erziehung zur Mündigkeit. Frankfurt/Main: Suhrkamp 1973, S. 29 – 50

Adorno, Theodor W. 1945: Minima Moralia. Reflexionen aus dem beschädigten Leben. 10. Aufl. Frankfurt/Main: Suhrkamp 2016

Benjamin, Walter 1928: Einbahnstraße. Frankfurt/Main: Suhrkamp 1955

Bolz, Norbert 2023: Der alte weiße Mann. München: Langen-Müller-Verlag

Brummerloh, Dorothea 2022: Wie wichtig ist die Rechtschreibung? Deutschlandfunk Kultur. Sendung vom 05.09. deutschlandfunkkultur.de/sprachverfall-und-sprachwandel-100.html

Carroll, Lewis 1996: Alice im Wunderland. Reinbek: Rowohlt

Centrum für Hochschulentwicklung 2023: Wohnsituation von Studierenden in Deutschland. https://hochschuldaten.che.de/deutschland/

Daston, Lorraine 2023: Warum nicht „der", „die" und „das" abschaffen? Interview. Die Zeit Nr. 45 vom 26.10. www.zeit.de/2023/45/gendergerechte-sprache-lorraine-daston-regeln

Die Ärzte 2004: Es ist nicht Deine Schuld. https://www.die-aerzte-archiv.de/songtexte/die-aerzte/song/deine-schuld.html

Edwards, Paul N. 2014: How to Give an Academic Talk. School of Information. University of Michigan. http://pne.people.si.umich.edu/PDF/howtotalk.pdf

Franck, Norbert 2023: Wissenschaft gekonnt präsentieren: Paderborn: Brill Schöningh

Franck, Norbert 2022: Wissenschaftsdeutsch. Paderborn: Brill Schöningh

Franck, Norbert 2021: Das Promotionshandbuch. 2. Aufl. Paderborn: Schöningh

Franck, Norbert 2021a: Handbuch Kommunikation. Paderborn: Brill Schöningh

Franck, Norbert 2020: Schlüsselkompetenzen für den Beruf. Paderborn: Brill Schöningh

Franck, Norbert 2017: Handbuch wissenschaftliches Arbeiten. 3. Aufl. Paderborn: Brill Schöningh

Frehler, Tim; Müller-Lancé, Kathrin 2023: Die Sternchen-Krieger. Süddeutsche Zeitung vom 16./17.12.

---

18 Einschließlich der Verweise in Online Plus. Alle Links wurden am 28.7.2024 überprüft.

Frevert, Ute 2023: „Sich in die Opferrolle zu flüchten, ist derzeit populär."
    Interview. Der Tagesspiegel vom 30.10. https://acesse.dev/wtlwh
Fromme, Claudia 2023: Bin ich schön? Süddeutsche Zeitung vom 26.10.
    www.sueddeutsche.de/projekte/artikel/gesellschaft/make-up-paula-
    wolf-tiktok-beauty-influencer-e245779/?reduced=true
Geimer, Peter; Groebner, Valentin 2006: Einsamer Auftritt. Leipzig: Institut
    für Buchkunst
Geißler, Karlheinz A. 2002: Wart' mal schnell. Stuttgart, Leipzig: S. Hirzel
Goethe, Johann Wolfgang von: Gedenkausgabe der Werke, Briefe und Ge-
    spräche. Hrsg. von Ernst Beutler. Zürich und Stuttgart 1948 ff.
Groebner, Valentin 2014: Wissenschaftssprache digital. Konstanz: Univer-
    sity Press
Habermas, Jürgen 2020: „So viel Wissen über unser Nichtwissen gab es
    noch nie". Interview. Frankfurter Rundschau vom 15.04.2020. https://
    l1nq.com/nwk9L
Hacke, Axel 2023: Über die Heiterkeit in schwierigen Zeiten und die Frage,
    wie wichtig uns der Ernst des Lebens sein sollte. Köln: DuMont Buch-
    verlag
Held, Benedikt 2019: Die drei Ebenen. Der Tagesspiegel vom 14.09., S. K4
Hentschel, Wolfgang; Richter, Sascha 2023: CDU will gesetzliches Gender-
    verbot. www.mdr.de/nachrichten/thueringen/landtag-gesetzentwurf-
    cdu-genderverbot-gendern-100.html
Holzkamp, Klaus 1983: Theorie und Praxis im Psychologiestudium. In:
    Forum Kritische Psychologie H 12, S. 159 – 183
Hornuff, Daniel 2016: Schafft die Vorträge ab. Die Zeit vom 22.09., S. 71
König, Lars; Jucks, Regina 2021: Hot topics in science communication: Ag-
    gressive language decreases trustworthiness and credibility in scientific
    debates. In: Public Understanding of Science Vol. 8, Issue 4, S. 401 – 416.
    https://journals.sagepub.com/doi/10.1177/0963662519833903
Krieger, Nicole 2022: Die Gastgeber-Methode. 2. Aufl. Weinheim, Basel:
    Beltz
Krüger, Michael 2023: „Ich habe mich der Literatur höflich genähert".
    Interview. Süddeutsche Zeitung vom 08.12. sueddeutsche.de/kultur/
    michael-krueger-interview-80-jahre-1.6315783?reduced=true
Lodge, David 1996: Kleine Welt. Zürich: Haffmans
Maar, Michael 2020: Die Schlange im Wolfspelz. Hamburg: Rowohlt
Marx, Karl 1844: Zur Kritik der Hegelschen Rechtsphilosophie. Einleitung. In:
    Karl Marx, Friedrich Engels Werke Bd. 1, Berlin: Dietz Verlag 1972, S. 378 – 391
Mehrabian, Albert 1971: Silent Messages. Implicit Communication of Emo-
    tions and Attitudes. 2. Aufl. Belmont: Wadsworth 1981

Murašov, Eva 2023: Historikerin Lorraine Daston über den Sinn und Unsinn von Regeln. Der Tagesspiegel (Berlin-Teil) vom 05.12. https://encr. pw/TSeiq

Nimz, Ulrike 2022: CDU und AfD gemeinsam gegen Gendern. Süddeutsche Zeitung vom 11.11. https://www.sueddeutsche.de/politik/thueringen-cdu-afd-gendern-1.5694595

Olderdissen, Christine 2022: Genderleicht. Wie Sprache für alle elegant gelingt. Berlin: Dudenverlag

Oppenheimer, Daniel M. 2006: Consequences of Erudite Vernacular Utilized Irrespective of Necessity: Problems with Using Long Words. In: Applied Cognitive Psychology. H. 20; S. 139 – 156. psych.utoronto.ca/users/psy3001/files/simple%20writing.pdf

Peuschel, Kristina 2022: Gendergerechte Sprache im Deutschen aus der Perspektive des Lehrens und Lernens. In: Aus Politik und Zeitgeschichte 5-7/2022, S. 49 – 54 https://lmy.de/SZuOs

Roß, Jan 2020: Macht mich Bildung zum besseren Menschen? www.zeit.de/2020/04/bildung-einfuehlungsvermoegen-empathie-gesellschaft

Schenz, Viola 2016: Typologie der Redner. www.sueddeutsche.de/karriere/praesentation-typologie-der-redner-1.3185098

Schwanitz, Dietrich 2002: Bildung. München: Goldmann

Spengler, Tilmann 2009: Sind Sie öfter hier? Von der Kunst, ein kluges Gespräch zu führen. 3. Aufl. Berlin: Ullstein

Taddicken, Monika; Wicke, Nina; Willems, Katharina 2020: Verständlich und kompetent? Eine Echtzeitanalyse der Wahrnehmung und Beurteilung von Expert*innen in der Wissenschaftskommunikation. In: M&K Medien & Kommunikationswissenschaft Heft 1-2, Seite 50 – 72

Toiletten machen Schule 2023: Studie zu Sanitäranlagen an Berliner Schulen. https://media.germantoilet.org/pages/schulen/toiletten-machen-schule-studie/2242471965-1092953784/tms_studie_2022-2023.pdf

Tucholsky, Kurt 1993: Gesammelte Werke. Hrsg. von Mary Gerold-Tucholsky und Fritz J. Raddatz. Reinbek: Rowohlt

ÜberzeuGENDERE Sprache 2021: Leitfaden für eine geschlechtersensible Sprache. Hrsg. von der Gleichstellungsbeauftragten der Universität zu Köln. 7. Aufl. Köln https://l1nq.com/64sJg

Wallace, David Foster 2017: Das hier ist Wasser. 19. Aufl. Köln: Kiepenheuer & Witsch

Wildenhain, Michael 2017: Das Singen der Sirenen. Stuttgart: Klett-Cotta

Woolf, Virginia 2020: Wie sollte man ein Buch lesen? Zürich: Kampa Vlg.

Zips, Martin 2021: Hallo Menschen. Süddeutsche Zeitung Nr. 159 vom 14.07. https://lmy.de/faKFy

Verzeichnis der Abbildungen

Online Plus